Kreimel – Alles bio oder wie?

Alles bio oder wie?

hans kreimel

Bibliografische Information der Deutschen Nationalbibliothek
Die Deutsche Nationalbibliothek verzeichnet diese Publikation in der Deutschen Nationalbibliografie; detaillierte bibliografische Daten sind im Internet über http://dnb.d-nb.de abrufbar.

© 2019 Hans Kreimel, Melk
Herstellung und Verlag: BoD – Books on Demand, Norderstedt
ISBN: 9783748156253

Inhalt

Vorwort

Wie kommt man auf die Idee, ein Buch mit diesem Titel zu schreiben?

Die Praxis, zum einen konventioneller Ackerbauer zu sein, zum anderen biologisch (oder ökologisch, wie man in Deutschland zu sagen pflegt) arbeitender Obstbauer, verursacht immer wieder Verwunderung. Darüber hinaus hatte ich immer das Bedürfnis, über den eigenen Tellerrand zu sehen, sowie eigene und fremde Philosophien zu hinterfragen. Nicht ohne Wirkung sind die wild wuchernden NGO.s (Non Government Organisations) geblieben, die ihre Kohle im wesentlichen mit dem Spiel mit Ängsten und dem Erzählen von Schauermärchen verdienen. Oder die Berufsmärchenerzähler, die uns mittels Storytelling in ihren Bann ziehen wollen.

Dazwischen stehen die einfachen Bauern, biologisch wie konventionell arbeitende, die manchmal nicht mehr wissen, wie ihnen geschieht.

Dieses Buch will Sie nicht in irgendeine Richtung manipulieren.
Dieses Buch will keine Spenden keilen.
Dieses Buch will Sie nicht missionieren oder umerziehen.

Dieses Buch soll Ihnen helfen, sich eine eigene Meinung zu bilden. Am Ende sind Sie von einer der beiden Philosophien (bio oder konvi) oder auch von der Wichtigkeit beider überzeugt.

Ziel dieses Buches ist auch neue Sichtweisen und Zugänge zu vermitteln.

Dieses Buch sollte ursprünglich „Alles bio oder **was**?" heißen. Unter diesem Titel biete ich seit einigen Jahren auch Vorträge unter anderem für das Katholische Bildungswerk der Diözese St. Pölten an. Der Vortrag wurde bisher sehr gut in den örtlichen Pfarr-Bildungswerken angenommen. Der Buchtitel selbst ist leider schon vergeben, das heißt es gibt bereits zwei Bücher mit diesem Titel. Mit dem Titel „Alles bio oder **wie**?" hoffe ich einen ebenso verständlichen aussagekräftigen Titel gefunden zu haben.

Eine der ersten prägenden Erlebnisse mit „bio" will ich dem Leser (und natürlich der Leserin, es sind immer beide Geschlechter gemeint, auch wenn es nicht explizit ausgedrückt wird) nicht vorenthalten. Im Jahr 1989 arbeite ich als landwirtschaftlicher Betriebshelfer auf einem konventionellen Erdbeerbetrieb mit Selbsternte. Zeitweise stehe ich auch im Verkaufszelt. Einmal steigt eine sehr gepflegte Dame jüngeren Alters aus einem Cabrio aus. Die Dame mustert die Erdbeeren – es werden auch bereits gepflückte in Holzkistchen für die Laufkundschaft angeboten – und fragt: „sind die eh alle bio?". Ich antworte „die werden konventionell erzeugt" und denke mir, wie oft erliegen Bauern in dieser Situation der Versuchung zu sagen „natürlich, die sind alle vollkommen bio!" oder „die sind eh nicht gespritzt!".

Das zweite unvergessliche Bio-Erlebnis verdanke ich Felix Mitterer. Im vierten Teil seiner Piefkesaga, einer vierteiligen Fernseh-Serie, die auf geniale Art die Auswüchse des Tourismus aufs Korn nimmt, schildert er kritisch die Zukunftsvision Tirols. Der mehrmals vorkommende Dialogtext „dosch isch ollasch total bio" ist eine klare und meiner Meinung kritische Botschaft über die unreflektierte Vermarktung der Bio-Idee.

Das dritte unvergessliche Bio-Erlebnis fußt auf einem Artikel in einer Gemeindezeitung und in einer Bezirkszeitung. Laut Artikel verkauft ein konventioneller Landwirt auf einem Markt biologisches Obst und Gemüse. Es sickert durch, dass konventionelle Paradeiser (zu deutsch: Tomaten) auf einem

Großgrünmarkt beschafft und verkauft wurden. Die im Hausgarten gezogenen Gemüse und beernteten Obstbäume werden vielleicht nicht gespritzt. Sie sind allerdings nicht biologisch zertifiziert. Um etwas als Bioprodukt in Verkehr zu bringen, müssen Sie Ihre Produktion entsprechend von einem Kontrollverband zertifizieren lassen. Sonst dürfen Sie das Produkt nicht als Bio-Produkt verkaufen. Das Thema wird ausführlich später behandelt.

So weit wie möglich wird auf Quellen und Links verwiesen. Da ich mich schon lange mit dem Thema auseinandersetze, haben sich viele Informationen angesammelt, deren Quelle in Vergessenheit geraten und daher nicht mehr greifbar ist.

Sollten sich Fehler eingeschlichen haben – ich bin nicht unfehlbar - bitte um Mitteilung wenn möglich mit Quellenangabe an die Mailadresse alles-bio@aon.at . Auch für Kritik und Ergänzungen bin ich dankbar. Sollte es zu weiteren Auflagen des Buches kommen, nehme ich Ergänzungen und Korrekturen gerne mit auf.

Mein eigener Zugang zum Thema

Wie bereits erwähnt war ich bis Ende 2018 praktizierender konventionell („konvi") arbeitender Ackerbauer (Mais, Weizen, Soja, Ölkürbis) und biologisch („bio") arbeitender Obstbauer (Biobirne Uta). Dazu kommt ein Forst und Energieholzanlagen, die ebenfalls konventionell betrieben werden. Ich hab also praktische Erfahrung und Zugang zu beiden Philosophien.

Die öffentliche Darstellung von „bio" (für biologisch) und „konvi" (für konventionell) hat mich immer schon gewundert. Bei den Bios (Biobauern) ist alles super, toll und leiwand (öst. für ganz toll), bei den Konvis (konventionell arbeitende Bauern) ist alles böse, schlecht und giftig. Wenn Sie sich noch etwas Hausverstand erhalten konnten, weil Sie etwas älter sind oder vorsichtig kritisch Medien konsumieren, wissen Sie, dass es bei einer solchen Schwarz-Weiß-Darstellung einen Haken geben muss.

Aufgrund meiner Erfahrungen kenne ich Bio-Bauern, die hart an die ökologisch vertretbaren Grenzen gehen. Diese Grenzen würde ich als Biobauer nicht ausreizen wollen. Zum anderen kenne ich Konvi-Bauern, die sehr umweltbewusst arbeiten, auf alles, was nicht unbedingt notwendig ist, verzichten, und oft Produkte erzeugen, die analytisch den Bio-Produkten um nichts nachstehen. Die Grenze zwischen bio und konvi ist daher fließend.

In der öffentlichen Wahrnehmung wird bio und konventionell ideologisch und fast pseudoreligiös betrachtet. Ideologische Betrachtung bedeutet, dass man bei den Bios die Nachteile und Schattenseiten wegblendet, während man bei den Konvis die positiven Argumente nicht wahrhaben will. Allerdings muss jeder für sich selbst entscheiden, was er für gut und richtig hält. Ein objektives „gut" oder „schlecht" oder „richtig" oder „falsch" gibt es nicht. Es sind wertende Sichtweisen, die aus der Sicht des Betrachters für denselbigen immer richtig sind. Für andere Menschen mit einem anderen Horizont oder einer anderen Sichtweise oder solche mit krankhaftem Missionierungsbedürfnis kann das auch nicht richtig sein.

Wer ergebnisoffen, bewusst nicht wertend und ohne öko-ideologische Scheuklappen zu einem Urteil kommen will, ist herzlich eingeladen, weiter zu lesen. Folgen Sie den Argumenten und Sichtweisen, nehmen Sie an, was für Sie passt, und vergessen Sie es, wenn Sie anderer Meinung sind. Wenn Sie nur nach Bestätigung Ihrer Vorurteile suchen, werden Sie möglicherweise mit dieser Lektüre nicht glücklich.

Ich verfolge eine einfache Philosophie. Als konventioneller wie

biologisch arbeitender Landwirt versuche bzw. versuchte ich mit
bestem Wissen und Gewissen möglichst umweltverträglich zu
arbeiten. Der Kunde entscheidet mit seiner Kaufentscheidung, ob
er das eine oder das andere will. Als Anhänger der Marktwirtschaft
akzeptiere ich diese Entscheidung. Aus meiner Sicht sind „bio"
und „konventionell" zwei Philosophien, die beide ihre
Berechtigung haben. Allgemein gültige Be- oder Abwertungen
halte ich für unsinnig, und wo sie passieren, für überheblich,
anmaßend und bevormundend.

Aus Sicht der Vermarkter, sprich aus Sicht des Lebensmittel-
Einzelhandels, kurz LEH, im wesentlichen der großen
Handelsketten, ist BIO ein interessantes Segment, um
Umsatzmarktanteile zu sichern. Kein maßgeblicher
Lebensmittelhändler kommt heute ohne ein solches Bio-Angebot
aus. Diese Lebensmittelhandelsketten investieren oft nicht wenig
Geld um wenige Zehntel-Prozent an Marktanteilen dazu zu
gewinnen. Eine ganze Marketing-Armada ist oft am Werk, um
neue Zielgruppen anzusprechen, neue Produkt-Segmente oder
einfach nur Lebens-Gefühle und damit verbundene Produkt-
Antworten zu entwickeln. Wir leben hier und heute. Die Wirtschaft
bietet uns etwas an und wir entscheiden selbst, ob wir zugreifen.

Ein nicht zu übersehendes Phänomen ist die rasant wachsende
Spendenwirtschaft. Non-Government-Organisations, kurz NGO.s
wachsen aus dem Boden wie Schwammerl. Sie verfolgen ein
einfaches Geschäftsmodell. Es wird Betroffenheit erzeugt, Angst,
Panik, Dinge werden aus dem Zusammenhang gerissen, teilweise
unter massiver Manipulation der Spendenzielgruppe. Ziel ist es,
den Menschen, häufig älteren Menschen, möglichst viel
Spendengeld aus der Tasche zu ziehen. Da gibt es ein paar
Themen, die sich verdammt gut für dieses Geschäftsmodell
eignen: Kinder, Tiere, unser Essen. Manche Themen haben sich zu
richtigen Spenden-Cash-Cows entwickelt, zb. Glyphosat, Bienen

oder Gentechnik.

Die Geschichte von Bio

Im Jahr 1925 arbeiten in Kärnten die ersten Betriebe **biologisch dynamisch**. Diese Philosophie ist heute unter „Demeter" bekannt. Die biologisch-dynamische Wirtschaftsweise geht auf Dr. Rudolf Steiner (1861-1925) zurück. Steiner war bekennender Anthroposoph. Bei der Anthroposophie handelt es sich um eine sog. Erkenntnislehre, die jeden Menschen zum eigenen Forschen und Beobachten anregen soll. Sie befasst sich neben der Landwirtschaft auch mit Medizin, Pädagogik, Architektur, Religion, sozialen Themen und dem Finanzwesen.

1959 werden die ersten Bioverbände gegründet. 1962 wird der erste **organisch-biologisch** arbeitende Betrieb erwähnt. Diese Wirtschaftsweise begründet sich im wesentlichen auf Dr. Hans und Maria Müller. Grundlage ist der Verzicht auf chemisch-synthetische Dünger und Pflanzenschutzmittel. Die Ideal-Vorstellung Müllers war der selbstbestimmte Bauer, der möglichst unabhängig von fremden Betriebsmitteln produziert und seine Produkte möglichst selbst vermarktet.

Im Jahr 1980 sind bereits ca. 200 Betriebe bekannt. Es handelt sich großteils um idealistisch motivierte Bauern, aber auch um Aussteiger aus anderen Branchen.

1994 entdeckt der Lebensmitteleinzelhandel das Bio-Segment für sich. Zuvor waren Bioprodukte hauptsächlich in Reformhäusern, auf Bauernmärkten und direkt ab Hof erhältlich. Die Vermarktung über dem LEH benötigt neue Strukturen. Eine Obstwiese mit sieben verschiedenen Apfelsorten ist über Großhandelsstrukturen schwierig vermarktbar. Handelsstrukturen brauchen Mindest-

Mengen und gewisse Marktauftrittsflächen für ihre Produkte. Biologisch arbeitende Betreiber von Obstanlagen waren gefragt. Unter den traditionell arbeitenden Biobauern war kaum Bereitschaft vorhanden, ein, zwei, drei Hektar Äpfel, Birnen oder anderes Obst auszupflanzen. Auch klassische Obstbaubetriebe waren anfangs kaum bereit, ihre Anlagen auf Bio umzustellen. Zudem wurden erfahrene Obstvermarkter auf die Tatsache aufmerksam, dass konventionelles Obst in rauen Mengen exportiert, aber biologisches Obst importiert wurde.

In der Folge stampfte eine steirische Erzeugerorganisation ein Bioapfel-Projekt aus dem Boden. Das Projekt konzentrierte sich schwerpunktmäßig auf die Sorte Topaz, sorgte für Beratung und rund 200 ha konnten in modernen Obstanlagen ausgepflanzt werden. Modern bedeutet Bäume auf der Unterlage M9 in ca. 1 Meter Abstand in der Reihe mit Drahtgerüst, Bewässerung und wenn möglich Hagelnetz sowie ausschließlich biologischem Pflanzenschutz.

Da sich das Bioapfel-Projekt der Fa. Steirerfrucht gut bewährt hatte, entstand etwa um 2000 auch die Idee, Bio-Birnen auf diese Weise zu erzeugen. Als weitgehende Exklusiv-Sorte wurde die Birne Uta, eine deutsche Züchtung aus Dresden-Pillnitz gewählt. Die Sorte ist sehr resistent, wohlschmeckend, aber nicht mit bei Birnen üblichen Quittenunterlagen verträglich. Ab ca. 2002 wurden rund 100 ha ausgepflanzt. Da sich die Birne aber auf einigen Standorten mit der Unterlage Kirchensaller Mostbirne nicht bewährt hat, wurde inzwischen einige Flächen wieder gerodet.

Apfel und Birne sind in der Anlagenführung vollkommen unterschiedlich. Der Bioapfel wird sehr intensiv geführt, hat sehr hohe Anlagekosten (3000 Bäume pro ha, Drahtgerüst, Bewässerung, Hagelnetz), kommt aber relativ rasch in den Ertrag.

Die Bäume haben eine sinnvolle Nutzungsdauer von ca. 15 Jahren. Die Bio-Birne wird vergleichsweise extensiv geführt. Es werden nur rund 1000 Bäume pro ha gepflanzt. Aufgrund der Unterlage kommt die Anlage später in den Ertrag, der Pflanzenschutz-Aufwand ist geringer, die Lebensdauer der Bäume wird mit 25 bis 30 Jahre angenommen. Auch die Birne könnte man so intensiv betreiben wie Apfelanlagen, allerdings auf Quitte mit Zwischenveredelung.

Mit Österreichs Beitritt in die EU wurde auch ein umfangreiches Förderprogramm für Biobetriebe installiert. In der Folge stiegen rund 20 000 Betriebe in den Biolandbau ein. Die EU-Biorichtlinie gilt als europäischer Mindeststandard. Wer sie erfüllt, ist ein sog. Codex-Betrieb. Mitglieder von Bioverbänden unterliegen teilweise noch strengeren Normen. Um die Produktion von Bioobst zu steigern wurden überwiegend konventionelle Nicht-Obstbauern angeworben. Diese sind häufig Codex-Betriebe, oft mit einem konventionellen landwirtschaftlichen Betriebsteil. Um die Bio-Förderung in Anspruch nehmen zu können, muss der komplette Betriebszweig biologisch betrieben werden, also der gesamte Obstbau oder der gesamte Ackerbau oder der gesamte Weinbau in einem Betrieb.

2005 schließen sich österreichische Bioverbände zur BIO Austria zusammen. Der Verein vertritt die Interessen von ca. 12 500 Biobauern.

Woran erkenne ich Bio-Produkte?

Bioprodukte sind als solche gekennzeichnet. Früher war nur die Bezeichnung „aus kontrolliert biologischem Anbau" zulässig. Heute darf auch die Bezeichnung BIO-Apfelsaft oder BIO-Birnenbrand verwendet werden. Die Voraussetzungen dafür werden später erörtert. Bioprodukte müssen auch das EU-Biologo tragen. Dieses Siegel in der Regel (idR.) ca. 15 mal 30 mm groß weist auf hellgrünem Hintergrund ein mit weißen Sternen angedeutetes Blatt auf, ein Zeichen für den Kontrollverband sowie die Bio-Kontroll-Nummer und das Zertifizierungsfeld. In meinem Fall ist das die Austria Bio Garantie mit der Nummer AT-Bio-301 / Österreich-Landwirtschaft. In der Schweiz wird eine Rose auf weißem Hintergrund als Biosiegel verwendet.

Das AMA-Biosiegel ist freiwillig und weist auf höhere Anforderungen als die gesetzlichen Bio-Mindestnormen hin. Es ist rund, weist einen roten Rand mit der Inschrift „Geprüfte Qualität Austria" auf , im Kern befindet sich der Text „AMA BIO SIEGEL".

Produkte von Biobauern sind in der Regel auch Bioprodukte. Allerdings können zB. Verarbeitungsprodukte wegen einem höheren Anteil an Nicht-Bio-Bestandteilen auch aus der Bio-Deklaration rausfallen und dürfen in der Folge nicht als Bio-Produkt gekennzeichnet sein. Bei Codex-Betrieben besteht die Möglichkeit, dass auch ein konventioneller Betriebsteil vorhanden ist, wo die Produkte auch konventionell vermarktet werden müssen. Was als Bio deklariert werden darf, findet sich im Biozertifikat, das später ausführlich behandelt wird.

Verschiedene Labels wie „Ja natürlich", „Spar natur pur" oder „Zurück zum Ursprung!" vertreiben ausschließlich Bio-Produkte. Auch diverse Bio-Supermärkte und Bio-Dienstleister, zB. die Anbieter von Bio-Gemüse-Kistl-Abos verkaufen ausschließlich Bio-Produkte.

Keine Hinweis auf Bio-Qualität sind:
- das AMA-Gütesiegel
- Handelsmarken wie Hofstätter, Clever, S-Budget
- Bezeichnungen wie naturnah, kontrolliert oder integriert
- ein Reinheitsgebot

Bio in der Praxis

Wenn Sie sich entscheiden, Ihren Betrieb auf biologische Wirtschaftsweise umzustellen, benötigen Sie einen Kontrollvertrag mit einer Kontroll-Organisation, die Ihren Betrieb in Hinkunft zertifiziert. Die wichtigsten Anbieter sind Austria Bio Garantie, Lacon und SGS. Die Organisationen übernehmen teilweise auch andere Zertifizierungen bzw. sind auch im Ausland aktiv. Werden zB. Bio-Orangen aus Israel importiert, muss auch gewährleistet sein, dass sie entsprechend zertifiziert sind.

Ein mehrtägiger Umstellungskurs ist zu absolvieren.

Ab der Unterzeichnung des Kontrollvertrages müssen alle Bio-Richtlinien eingehalten werden. Es beginnt die Umstellungszeit. Bei Obst beträgt der Umstellungszeitraum drei Jahre. Was innerhalb eines Jahres ab Vertragsabschluss vermarktet wird, ist konventionelle Ware. Im zweiten Jahr wird als U1-Ware (Umstellung mind. 1 Jahr) deklariert, im dritten Jahr als U2-Ware. Nach drei Jahren ist die Zertifizierung als Bio-Produkt möglich.

In der aktuell gültigen Betriebsmittelliste finden sich alle im Biolandbau erlaubten Betriebsmittel. Die Anwendung ist streng reguliert. Vorgänger- oder Nachfolgepräparate, die sich nicht in der Liste befinden, dürfen nicht angewendet werden. Auch die Registriernummer des Präparats muss 100%ig übereinstimmen. Alle Maßnahmen müssen entsprechend aufgezeichnet werden.

Dies kann auch in einem Online-Betriebsheft erfolgen.

Bio-Austria-Betriebe unterliegen unter anderem auch bei der Düngung teilweise strengeren Anwendungsbestimmungen. In vielen Fällen ist vor einer Anwendung die Genehmigung durch den Bio-Verband einzuholen.

Mit der Bioumstellung dürfen Nicht-Bio-Präparate nicht mehr am Betrieb gelagert werden. Ausgenommen sind Codex-Betriebe, die konventionelle Teilbetriebe führen.

Biobetriebe werden umfangreich kontrolliert. Standard ist die jährliche meist angekündigte Biokontrolle durch die Kontrollorganisation. Dazu kommen nicht angekündigte Kontrollen. Weiters kontrolliert die AMA, zB. zieht sie regelmäßig Blattproben für Analysezwecke. Die umfangreichste Kontrolle ist die Globalgap-Zertifizierung. Hier müssen ca. 120 Vorgaben eingehalten werden. Bei Globalgap handelt es sich um einen weltweiten Produktionsstandard. Weiters verlangen bestimmte Händler zusätzliche Zertifizierungen, Kontrollen oder Produktionsstandards. Bekannt sind IFS (International Food Standard), Tesco, HACCP, QS, ISO 9000 und andere.

Ich erinnere mich an das Kabarett-Programm „Bei meiner Ähr" von Franz Klaffenböck, selbst Biobauer, der auf Zuruf jede seiner ca. 95 Hofkontrollen von ca. 17 verschiedenen Kontroll-Organisationen in fünf Jahren parodieren konnte. Von jedem Kontrollor, meist waren es Akademiker, machte er ein Foto und hängte es über seinen Misthaufen, in der Hoffnung, dass sich die akademische Aura der Kontrollore auf seinen Mist übertragen werde. Abgesehen vom Aufzeichnungswahn, war er auch mit den Empfehlungen der Kontrollore etwas überfordert. Der eine wollte einen viel größeren Eingang in seinen Hühnerstall, der nächste forderte einen viel kleineren. Oder wie nimmt man mit 50

Wattestäbchen 50 Kotproben? Hoffentlich erwartet niemand, dass jedes der 25 Hühner einmal gefangen und zweimal betupft wird.

Ich bin selbst seit 2004 Bioobstbauer, seit 2007 ist meine Obstfläche biologisch zertifiziert. Ich hatte nie mehr als fünf Kontrollen pro Jahr. Ein Teil der Kontrolltätigkeit hat sich sicherlich auf die vermarkteten Produkte verlagert. Delikte und massive Nichteinhaltung von Richtlinien sind idR. analytisch nachweisbar, auch mögliche Kontaminationen aus der Umwelt. Da ich bei der Obstfläche zum großen Teil selber mit konventionellen Flächen angrenze, rechne ich mit keinen unzulässigen Kontaminationen. Es sind aber Fälle bekannt, wo Wuchsstoff-Präparate auf konventionellen Getreideflächen zu Blattschäden in einer angrenzenden Biokultur geführt haben, die zur dreijährigen Aberkennung der Bio-Statusses auf dieser Fläche und einer Entschädigungsleistung in der Höhe eines hohen fünfstelligen Betrages geführt haben. Für einen Biobauern, der sich um seine Flächen bemüht, trotzdem eine frustrierende Erfahrung.

Wurde die Biokontrolle erfolgreich absolviert, stellt die Kontrollorganisation ein Biozertifikat aus. Auf dem zeitlich begrenzten Zertifikat finden sich alle Produkte aufgelistet, die biologisch deklariert vermarktet werden dürfen, und auch jene, die in die konventionelle Produktion fallen.

Wird ein Produkt als Bioprodukt in Verkehr gebracht, unabhängig von wem, muss es durch eine Kontrollstelle auch als solches zertifiziert sein. Ein entsprechendes gültiges Zertifikat muss vorgewiesen werden können. Bringt ein Hausgartenbesitzer seine Äpfel in Verkehr, indem er sie seinem Nachbarn schenkt oder gegen Birnen mit einer anderen Nachbarin tauscht, und darauf hinweist, dass er sie ohne chemischen Pflanzenschutz und synthetischen Dünger produziert hat, dann ist das zulässig. Sie aber als Bio-Äpfel zu bezeichnen ist streng genommen nicht erlaubt. Allerdings wo kein Kläger, auch kein Richter. Solche Vergehen sind auch nicht das Problem. Problematisch ist, wenn jemand auf dem Großgrünmarkt zB. ohne jedes Zertifikat Gemüse kauft und es auf dem Bauernmarkt als Bioware anpreist. Das ist dann gewerbsmäßiger Betrug.

Biobetrug ist im übrigen so alt wie die Bioidee selbst. Hühnereier aus dem Batteriestall mit Hühnerkot verschmiert, die auf dem Wochenmarkt landeten, waren lange Zeit kein Einzelfall. Großhändler, die mangels Ware auf dem konventionellen Markt zukauften, waren keine Seltenheit. Firmen, die erwischt wurden, gingen dann oft relativ schnell in Konkurs. Von Anfang an versuchten auch die Bio-Organisationen sowie die Lebensmittelkontrolle, solche Betrugsmodelle zu enttarnen.

Von den rechtlichen Grundlagen unterliegt die Biolandwirtschaft der EU-Biorichtlinie als europaweiter einheitlicher Mindest-Standard. In Österreich kommt der codex alimentarius, der öst. Lebensmittelkodex dazu. Für die Mitglieder der Bio Austria kommen zusätzliche Vereins-Richtlinien dazu. Zudem stellen Vermarkter aus dem LEH zusätzliche Anforderungen, zB. ein Düngeverbot mit Mist im Obstbereich oder ein Anwendungsverbot bestimmter im Biolandbau erlaubter Pflanzenschutzmittel.

Als betroffener Biobauer stelle ich fest, dass nicht alle biologischen Richtlinien auch logisch nachvollziehbar sind. Warum zB. kontrollierte Klärschlämme aus der Lebensmittelerzeugung nicht angewendet werden dürfen, hat meiner Meinung ausschließlich ideologische Gründe. Bei Komposten ist das weniger kompliziert. Hochwertige werden als biotauglich eingestuft und sind daher im Biolandbau erlaubt. Außer dass keine gentechnisch veränderten Organismen kompostiert werden dürfen, ist mir da keine Einschränkung bekannt.

*__Belastungen von biologischen und konventionellen Produkten –
ein Vergleich__*

Allgemein herrscht der Eindruck, dass Bioprodukte chemisch
vollkommen unbelastet sind, während konventionelle Produkte
hoch belastet sein müssen. Dieser Eindruck täuscht.

Pflanzenschutzmittel synthetischer Herkunft, die aktuell
zugelassen sind, sind teilweise in Konvi-Produkten nachweisbar,
idR. in Mengen weit unter den gesetzlichen Grenzwerten. In Bio-
Produkten sind sie sehr selten und sehr weit unter den
Grenzwerten nachweisbar.

Pflanzenschutzmittel mit aktueller biologischer Zulassung sind idr.
in Bio-Produkten und Konvi-Produkten kaum nachweisbar.

Pflanzenschutzmittel-Altlasten wie HCB oder DDT sind bei
Konvi- und bei Bio-Produkten in sehr geringen Mengen
nachweisbar. Diese Wirkstoffe gelten als sehr schwer abbaubar
und können sich im menschlichen Körper im Fettgewebe
anreichern. HCB (Hexachlorbenzol) wurde vor langer Zeit als
Beizmittel und als Holzschutzmittel zB. bei Telegraphenmasten
und Bahnschwellen eingesetzt. So manche Hausgartenbesitzer, die
sich solche Masten oder Schwellen zur Gartengestaltung in den
Hausgarten legen, sind sich sicher nicht bewusst, welche
Umweltbombe sie da neben den Paradeiserstauden und dem
Gemüse liegen haben. Die Grenzwerte für HCB werden von den
Vermarktern idR. bei Bioprodukten strenger gehandhabt. Die
Altlasten kommen zumeist auch aus einer Zeit, wo noch niemand
daran dachte, den Boden biologisch zu bewirtschaften und die
Bauern wider besseren Wissens der damaligen Beratung
vertrauten.

Fallweise wird in Abrede gestellt, dass sog. Altlasten auch in

Bioprodukten nachweisbar wären. Wenn es sogar Umwelt-Organisationen gelingt, in einfachen Feldpfützen solche Wirkstoffe nachzuweisen, dann machen die sicherlich nicht vor der Feldgrenze halt.

Immer wieder wird davon berichtet, dass in China Obstanlagen händisch bestäubt werden müssen, weil es dort keine Bestäubungs-Insekten mehr gibt. Ich vermute, die jahrelang in extremen Mengen eingesetzten so gut wie nicht abbaubaren Pestizide haben die Umwelt auf Dauer so vergiftet, dass heute noch keine Bestäubungsinsekten dort überleben können.

In unseren Breiten hat man rasch gelernt, dass schwer abbaubare und hoch umweltgiftige Wirkstoffe verboten werden müssen. Auch heute noch werden Wirkstoffe von Zulassungsinhabern freiwillig vom Markt genommen, keine weitere Zulassung beantragt, Zulassungen von den Behörden nicht mehr verlängert oder Zulassungseinschränkungen vorgenommen. So darf zB. Glyphosat seit 2013 nicht mehr zur Sikkation (Vorerntebehandlung von Getreide, zB. zur gleichmäßigeren Abreife) eingesetzt werden.

Während in der öffentlichen Wahrnehmung der Eindruck entsteht, dass unsere Lebensmittel so vergiftet sind wie noch nie, ist in der Realität eigentlich das Gegenteil der Fall. Unsere Lebensmittel waren noch nie so gut überwacht und kontrolliert wie heute. Die erlaubten Wirkstoffe waren noch nie so gut erforscht, selektiv und umweltverträglich wie heute. Es erscheint daher wie Hohn, wenn diverse Öko-Missionare und Öko-Spendenkeiler uns Glauben machen wollen, man brauche nur einen konventionellen Apfel essen und würde sofort tot umfallen.

Der Eintrag von Schadstoffen aus der Umwelt ist bei Bio-Flächen wie Konvi-Flächen gleichermaßen gegeben. Punktuell können diese Einträge auch sehr hoch sein. Rund um langjährig genutzte

Rauchfänge reichern sich häufig hohe Mengen unverbrannter Kohlenwasserstoffe an. Ursache ist die möglicherweise jahrhundertelang betriebene Feuerstelle, die in der Regel Brennholz zu kalt und daher nicht vollständig verbrannt hat. Zu erwähnen ist hier auch die fallweise Praxis, Altöl und Kunststoffe im häuslichen Heizkessel zu entsorgen. Mit der Einführung der flächendeckenden Hausmüll- und Problemstoffsammlung sollten solche Praktiken jedoch der Vergangenheit angehören. Diese Dioxin-ähnlichen Substanzen aus der unvollständigen Verbrennung können sich dann zB. in Produkten aus dem eigenen Hausgarten oder in Eiern von in Hausnähe freilaufenden Hühnern wiederfinden. Moderne Heizkessel verbrennen mit hoher Brennraumtemperatur, die Belastung mit unverbrannten Kohlenwasserstoffen ist bei solchen Anlagen gegen Null gehend.

Punktuelle Einträge sind auch entlang von intensiv genutzten Verkehrswegen möglich. Ein Teil dieser Belastung geht in die Zeit zurück, in der österreichweit pro Jahr ca. 5000 Tonnen Blei in Form von zB. Bleitetraethyl dem Benzin als Klopfhemmer beigemischt wurde. Die Belastung mit Reifenabrieb, Brems-Stäuben, Scheibenreinigungsmitteln, Ölen und Fetten ist nach wie vor gegeben. Diese punktuellen Schadstoff-Einträge treffen Konvis und Bios gleichermaßen.

Die Belastung mit Giften natürlicher Herkunft ist bei Bio- und Konvi-Produkten gleichermaßen niedrig. Zu dieser Gruppe gehören zb. Schimmelgifte (Toxine), Fäulnisgifte oder biologische Gifte wie EHEC-Bakterien oder das Botulinim-Toxin. Eine fallweise höhere Belastung bei Bioprodukten ist jedoch möglich. Während konventionelles Getreide gegen Verpilzung chemisch behandelt werden kann, ist das bei biologischem schwer möglich. Es ist nun eine philosophische Frage, ob man einen eventuellen Rückstand eines Fungizids (Mittel gegen Pilzkrankheiten) oder eine Belastung mit Toxinen schlimmer bewertet. Konventionelle

Tierhalter bevorzugen oft mit Fungiziden behandeltes Getreide, um ihre Tiere nicht unnötig mit Toxinen zu belasten. Toxine können die Leber belasten, die Tageszunahmen drücken, zu Missbildungen bei Jungtieren und zu Fruchtbarkeitsstörungen bei Zuchttieren führen. Weitestgehend toxinfreies Futter ist meines Erachtens ein aktiver Beitrag zum Tierschutz.

Eine weitere Gruppe von Giften kommen natürlich in Pflanzen vor. Dazu zählen 6500 verschiedene Pyrrholizidine. Deshalb ist nur ein Teil der Pflanzenwelt für den Menschen tatsächlich genießbar. Manche Pflanzenarten wurden erst durch Selektion ungiftiger Sorten für den Menschen genießbar gemacht. In Zierformen finden sich diese Gifte oft noch, beispielsweise in Zierkürbissen Cucurbitacine. Die betroffenen Kürbisse schmecken bitter und können tatsächlich Vergiftungen verursachen. Problematisch ist der Anbau von Zier- und Speisekürbissen nebeneinander, wo sich die Zierformen in die Speisesorten einkreuzen können und das Saatgut dieser für den Anbau im Folgejahr wieder verwendet wird.

In Teemischungen wurden Pyrrholizidine nachgewiesen, weil infolge maschineller Ernte auch Unkräuter mitgeerntet wurden. Bei konsequenter händischer Ernte ist dieses Risiko geringer. Eine Teemischung war so belastet, dass bei mehreren Tassen ein Leberschaden durchaus erwartbar war.

Eine Problemzone stellen Giftpflanzen dar, die ähnliche Eigenschaften haben wie die Kulturpflanze, und nicht mit üblichen Reinigungsmethoden aus dem Erntegut entfernt werden können. Eine Belastung mit Stechapfelsamen in Bio-Goldhirse hat beispielsweise zu einer Rückrufaktion geführt. In konventionellen Kulturen können solche Unkräuter eher selektiv bekämpft werden als in Bio-Kulturen.

Eine nicht zu übersehende Problemzone ist die Erzeugung von Sprossen und Keimlingen, die immer wieder zu bedrohlichen Darminfektionen führen kann, vereinzelt auch mit Todesopfern. Die Keimbedingungen – warm und feucht – sind auch für biologische Krankheitserreger optimal. Wird nicht sehr sauber gearbeitet, entpuppen sich solche Produkte als richtige Keimschleuder. Die schlimmste Lebensmittelinfektion, die ich mir je holte, war auf ein Bio-Sprossen-Buffet zurückzuführen. Wäre nicht wenige Meter entfernt eine Toilette gewesen, hätte es durchaus zu einem größeren Malheur kommen können.

Bezüglich Nährstoff-Auswaschung ist kein grundsätzlicher Unterschied zwischen bio und konventionell feststellbar. Während die Bios auf tendentiell niedrigerem Nährstoff-Niveau fahren, die Nährstoffe idR. in biologisch gebundener Form wie Mist und Kompost dem Boden zuführen, führen die Konvis Nährstoffe überwiegend mineralisch zu. Bios bearbeiten Felder häufiger, da es sonst kaum Möglichkeiten zur Unkrautregulierung gibt. Bodenbearbeitung bedeutet auch, dass Nährstoffe mineralisiert werden. Solange der Boden bewachsen ist, können diese Nährstoffe von den Pflanzen aufgenommen werden. Die mineralische Düngung im konventionellen Bereich hat den Vorteil, dass sie punktuell dann gegeben werden kann, wenn sie von der Kultur optimal genutzt und aufgenommen werden kann.

Natürlich vorkommende Keime, auch pathogene kommen bei bio und konvi gleichermaßen vor. Die Umwelt ist nicht keimfrei. Der menschliche Körper ist darauf trainiert, sich mit natürlichen Keimen auseinander zu setzen. Der mancherorts praktizierte Sauberkeitswahn führt dann dazu, dass harmlose natürliche Keime zurück gedrängt und den dann schwer zu bekämpfenden das Feld überlassen wird.

Ein nicht uninteressanter Hinweis sei hier erlaubt. Die natürlichste

Entkeimungshilfe ist die UV-Strahlung des Sonnenlichts. In manchen Entwicklungsländern wurde daraus sogar ein Geschäftsmodell entwickelt. Nicht sicher keimfreies Wasser wird eine zeitlang in einer PET-Flasche in die pralle Sonne gelegt und so auf natürliche Weise entkeimt. Ein öst. Unternehmen hat dafür auch einen Sensor entwickelt, der mit einem Smiley anzeigt, dass die UV-Einwirkung für die Entkeimung ausreichend ist.

Wie giftig ist konventioneller Pflanzenschutz?

Die Frage ist schwierig zu beantworten, deshalb die wichtigsten Begriffe in aller Kürze. Die Bezeichnung „Pestizide" kommt eigentlich aus dem englischen. Der Begriff wurde mit der Umweltschutz-Diskussion mehr oder weniger importiert. Hierzulande ist von Pflanzenschutzmitteln und Wirkstoffen die Rede. Kritisch werden sie auch als „Rückstände" bezeichnet.

In einem registrierten Pflanzenschutzmittel befinden sich die biologisch aktiven Wirkstoffe sowie Hilfsstoffe, die beispielsweise die Aufnahme des Wirkstoffs in die Pflanze oder die Regenfestigkeit verbessern sollen. In einem Liter eines Glyphosat-Präparats befindet sich idR. 360 Gramm Glyphosat-Wirkstoff.

Grundsätzlich ist hier festzustellen, dass Pflanzenschutzmittel Pflanzenschutzmittel sind und keine Lebensmittel. Es handelt sich um Wirkstoffe, die wir uns zunutze machen und die mit entsprechender Vorsicht und Verantwortung angewendet werden müssen. Dazu gehört ein ausreichender Schutz des Anwenders, das Vermeiden unnötiger Belastungen für die Umwelt zB. durch Abdrift und eine möglichst geringe Wirkstoffbelastung im fertigen Produkt. Bei richtiger Anwendung ist das Risiko sehr gering. Bei falscher Anwendung können auch Messer oder Autos großen Schaden anrichten.

Zustände wie zu Beginn des chemischen Pflanzenschutzes gehören heute zumindest in den besser entwickelten Regionen der Welt der Vergangenheit an. Schwere Chemiekeulen, die schwer abbaubar und hochgiftig in großen Mengen mit so gut wie keinem Anwenderschutz ausgebracht wurden, waren in den Anfängen durchaus Realität. In schlecht entwickelten Regionen liegt oft heute noch einiges im Argen.

Die Arbeit diverser Umweltorganisationen in Regionen, die von unseren Pflanzenschutzstandards weit entfernt sind, wäre dort umweltrelevant wesentlich effizienter. Allerdings lassen sich dort nicht so viele Spenden lukrieren. Zudem sind die Menschen in diesen Regionen häufig mit Lebensmittelmangel konfrontiert. Wer Hunger hat, für den ist es unerheblich, ob ein Wirkstoff-Grenzwert um 50 oder um 98 % unterschritten wird.

Pflanzenschutzmittel müssen für eine bestimmte Anwendumg zugelassen und registriert sein. In der Registrierung finden sich die Kulturen, in denen die Wirkstoffe in welcher Konzentration bei welcher Indikation (Krankheit, Schädling) und unter welchen Umständen angewendet werden dürfen. In den Zulassungs-Bestimmungen wird auch festgelegt, welche Wartefristen eingehalten werden müssen. Wartefristen sind so berechnet, dass auch unter ungünstigen Bedingungen Wirkstoffwerte erreicht werden, die ein de-facto-Null-Risiko erwarten lassen. Durch neue Erkenntnisse ist es allerdings möglich, dass sich auch die Risikobewertung ändert. Sollte sie sich maßgeblich negativ verändern, werden Zulassungen auch gestrichen oder nicht mehr verlängert.

Die wichtigste Wirkstoff-Gruppe sind die Herbizide. Sie werden zur Bekämpfung von Unkräutern verwendet. Das Gefährdungs-Potential für den Menschen als Anwender ist gering, für den Verbraucher sehr gering. Das hängt damit zusammen, dass die

Biologie von Mensch und Pflanze und damit die Wirkungs-Mechanismen grundsätzlich sehr unterschiedlich sind. Weiters werden Herbizide idR. zu Beginn einer Kultur eingesetzt, also zeitlich weit entfernt von der Ernte. Grundsätzlich gilt, dass bei der Zulassung von Pflanzenschutzmitteln großer Wert auf gute Abbaubarkeit und möglichst geringe Giftwirkung außerhalb des Zielobjekts gelegt wird. Diese Wirkstoffe sind daher oft nicht oder nur in geringsten Mengen nachweisbar.

Eine weitere Gruppe stellen die Fungizide dar. Sie dienen zur Bekämpfung von Pilzkrankheiten. Pilze führen häufig zu Verlust von Assimilationsfläche (Blattfläche) und damit zu geringerem Ertrag bzw. zu schlechteren Produktqualitäten infolge Toxinbildung. Fungizide werden in stehenden Kulturen angewendet, also bereits näher beim Erntezeitpunkt. Häufig wirken sie systemisch, d.h. die Wirkstoffe werden von der Pflanze aufgenommen und über den Saftstrom in der Pflanze verteilt. Das hat den Vorteil, dass der Wirkstoff die gesamte Pflanze erreicht. Würde man alternativ Kupfer als natürliches Fungizid anwenden, dann wirkt das nur dort, wo sich auf der Pflanze ein dünner Kupferfilm bildet.

Der Wirkmechanismus der Fungizide ist ähnlich weit von der Biologie des Menschen entfernt wie bei den Herbiziden. Das Gefährdungspotential für den Menschen als Anwender ist gering, für den Verbraucher sehr gering.

Eine relativ umfangreiche Wirkstoffgruppe sind die Insektizide. Sie werden gegen tierische Schädlinge eingesetzt. Wir unterscheiden systemische Präparate, die über den Saftstrom wirken, Kontaktmittel und Fraßmittel. Insektizide können chemischer Herkunft sein, aber auch biogener wie beispielsweise Granuloseviren oder Bazillen, zB. Bacillus thuringiensis (BT).

Biologisch stehen Insekten dem Menschen eher nahe. Einige
dieser Insektizide sind wirklich hochgiftig und waren daher bis vor
kurzem auch giftscheinpflichtig. Der Giftschein musste bei der
Bezirksverwaltungsbehörde beantragt werden. Mit dem neuen
Pflanzenschutzgesetz läuft diese Giftscheinpflicht leider aus. Der
Giftschein wurde kaum von Bauern gelöst. Die meisten
konventionellen Bauern sind zu den weniger bedenklichen
giftscheinfreien Präparaten umgestiegen. Die Giftscheinpflicht
hatte damit durchaus eine positive ökologische Wirkung. Und für
Präparate, die nicht mehr gekauft werden, lohnt es sich auch nicht,
sie weiter zuzulassen, weil eine Zulassung bzw. eine Verlängerung
auch mit Kosten verbunden ist.

Insektizide können bienen-gefährlich sein. Insektizide sind daher
als bienen-gefährlich, minder bienengefährlich oder als bienen-
ungefährlich eingestuft. Die Anwendung von bienen-gefährlichen
und minder-gefährlichen Präparaten ist meist in den Zulassungs-
Bestimmungen so geregelt, dass sie nicht in blühenden Kulturen
und nicht während der Flugzeit von Bienen angewendet werden
dürfen. Auch hier habe ich als Anwender die Möglichkeit,
möglichst bienen-ungefährliche Präparate zu bevorzugen.

Das in den Medien immer wieder proklamierte Bienensterben
entbehrt eigentlich jeder Grundlage. Einer mir nicht mehr
bekannten Quelle zufolge sollte die Zahl der Bienenstöcke seit
vielen Jahren konstant um etwa 5 bis 7 % pro Jahr gewachsen sein.
Diese Information hat sich allerdings als falsch herausgestellt.
Eine relativ realitätsnahe Zahl findet sich auf der Seite der „Biene
Österreich", dem Dachverband österreichischer Imkervereine.

Entwicklung der Bienenhaltung in Österreich seit 1990

1990: 457.061 Bienenvölker
1995: 393.723
2000: 363.967
2003: 327.346
2006: 311.000
2010: 367.583
2011: 368.183
2012: 376.485
2013: 382.638
2014: 376.121
2015: 347.128
2016: 354.080
2017: 353.267

Die Zahl der Imker ist von 1990 30.802 bis 2006 auf rund 23.000 gesunken und bis 2017 wieder auf 27.580 gestiegen. Korrekterweise müsste es also heißen, dass die Zahl der Imker seit 2006 relativ konstant steigt. 2017 betreute ein Bienenhalter ca. 12,8 Bienenstöcke, Tendenz leicht sinkend.

Obwohl in manchen Jahren massive Stockverluste im Winter auftreten, fallweise überleben zwei Drittel der Bienenstöcke den Winter nicht, ist die Zahl der Bienenstöcke in Österreich relativ konstant.

Zum Wachstum der Zahl der Imker hat mit Sicherheit auch die öffentliche Diskussion über das angebliche Bienensterben beigetragen. In der Folge sind auch viele Anfänger in die Imkerei eingestiegen, die die Bienenhaltung noch nicht so professionell betreiben. Mancherorts ist ein regelrechter Bienenwildwuchs festzustellen. Die Bienen-Probleme sind oft hausgemacht. Unerfahrene Imker erkennen viele Krankheiten nicht. Die

Nichteinhaltung von Mindestabständen führt dazu, dass sich bestimmte Krankheiten epidemisch verbreiten, zB. die Amerikanische Faulbrut. Zudem ist die Honigbiene ein auf Friedfertigkeit gezüchtetes menschliches Zuchtprodukt. Diese Friedfertigkeit hat den Nachteil, dass sich die Biene schlecht gegen die Varroa-Milbe wehren kann.

Bei richtiger Anwendung von Insektiziden sind keine maßgeblichen Bienenverluste feststellbar. Von der Biologie her lebt die Honigbiene etwa 14 Tage als Stockbiene und anschließend wird sie zur Flugbiene, die Nektar und Pollen sammelt. Bei sagen wir mal 35 000 Bienen in einem Stock und einer durchschnittlichen Lebenserwartung von 35 Tagen (ausgenommen die überwinternden) ist es normal, dass pro Tag rund 1000 Bienen nicht mehr in den Stock zurück kehren.

Aussagekräftig für das Absterben der Stöcke ist auch der Zeitpunkt des Absterbens. Die meisten Stöcke sterben über den Winter ab. In diesem Zeitraum scheidet der chemische Pflanzenschutz als Ursache aus, da im Winter so gut wie keine Pflanzenschutzmittel angewendet werden. Durch die milden Winter der letzten Jahre kommen die Bienenstöcke auch kaum zur Ruhe. Sie dürften wesentlich an den hohen Winterausfällen beteiligt sein. Bei unerwartet guten Herbsttrachten kann die Varroa-Milbe wieder überhand nehmen.

Auch in Bezug auf das angebliche Insektensterben wird immer wieder der chemische Pflanzenschutz ins Spiel gebracht. Nun wird aber nur auf 13 % der öst. Landesfläche chemischer Pflanzenschutz angewendet, die insekten-gefährlichen Mittel nur auf einem Bruchteil dieser Fläche. Wie dieses geringe Ausmaß bis zu 80 % der Insektenarten oder der Insektenmasse sterben lassen soll, ist rätselhaft. Insbesondere dort, wo weit und breit keine Chemie eingesetzt wird. Alleine die Studie, die dem angeblichen

Insektensterben zugrunde liegt, ist mehr als abenteuerlich. In 30 Jahren wurden an einem bis ca. 25 Standorten sporadisch insgesamt 4 bis 250 Insektenzählungen pro Jahr durchgeführt. Von diesen Daten generell ein großartiges Insektensterben abzuleiten ist wissenschaftlich nicht haltbar. Möglicherweise ist auch das Bedürfnis, mit solchen medial aufbereiteten Geschichten Spenden zu lukrieren der Vater des Gedankens. Als praktizierender Landwirt habe ich eher den Eindruck, dass die Insektenbiomasse immer mehr wird. Immer mehr Borkenkäfer. Immer mehr Schädlinge in landwirtschaftlichen Kulturen. Immer mehr Neo-Fauna (eingewanderte nichtheimische Tierarten) wie Asiatischer Laubholzbockkäfer oder Asiatischer Marienkäfer.

Wie in vielen Fällen wird lieber die Landwirtschaft als Verursacher präsentiert, weil andere Ursachen die Spender vergraulen könnten. Würde man Straßenlaternen, die pro Jahr und Laterne bis zu einer Million Fluginsekten töten, als Verursacher identifizieren, käme man möglicherweise mit dem Sicherheitsbedürfnis der Spender in einen Konflikt. Ähnlich gelagert ist auch das Problem mit dem angeblichen Vogelsterben. Es wird ebenfalls die Landwirtschaft als Verursacher präsentiert. Es käme auch bei den Spendern schlecht an, würde man ihnen erklären, dass ihre freilaufenden Katzen die größte Gefahrenquelle für heimische Vögel sind.

Aus der Sicht der Landwirtschaft hat sich in den letzten 30 Jahren eigentlich vieles zum positiven für Insekten und Vögel verändert. Ausgeräumte Flächen wurden oft nachkommassiert und mit Baum- und Strauchgürtel neu gegliedert. Nach der Getreideernte liegen die Felder nicht bis ins nächste Frühjahr brach, sondern sind meist mit Sommer-, Herbst- oder Winterbegrünungen bepflanzt. Pflanzenschutzmittel sind heute um ein vielfaches umwelt-verträglicher als vor 30, 40 oder 50 Jahren. Immer wieder wird der Effekt ins Treffen geführt, dass Windschutzscheiben früher im Sommer voller Insekten waren und heute nicht mehr. Daraus ein

Insektensterben abzuleiten ist fragwürdig. Wenn die Insekten nun
genug Nahrung auf den Feldern finden, werden sie sich vermutlich
lieber dort aufhalten. Früher waren die Autoscheinwerfer oft die
einzige Lichtquelle, denen die Insekten zuflogen. Heute gibt es
jede Menge Straßenlaternen, die die Insekten anlocken. Leider gibt
es auch keine Untersuchungen, wieviele Insekten früher auf den
umgepflügten, lange brach liegenden Feldern ihren Lebensraum
fanden und wieviele es heute in den Begrünungsflächen sind.

Weitere Pestizid-Gruppen sind Bakterizide gegen Bakterien,
Akarizide gegen Spinnen, Molluskizide gegen Schnecken und
Rotendizide gegen Schadnager. Diese Gruppen spielen in der
Landwirtschaft eine untergeordnete Rolle und werden eher im
privaten Haus- und Gartenbereich angewendet.

Fallweise werden solche Wirkstoffgruppen auch durch
Biopräparate gut abgedeckt. Im Handel wird zB. biologisches
Schneckenkorn auf Eisen-III-Phosphat-Basis angeboten oder BT-
Präparate zur Behandlung des Buchsbaumzünslers.

Pestizide im Detail

Lange sehr beliebt war der Einsatz von **Atrazin** im Maisanbau.
Atrazin ist der Trivialname für bestimmte Wirkstoffe aus der
Gruppe der Chlortriazine. Atrazin-Präparate waren preiswert und
anfangs hochwirksam, bis sich atrazin-resistente Unkräuter
durchsetzten. Atrazine sind leider schwer abbaubar und konnten
daher auch in manchen Regionen im Grundwasser nachgewiesen
werden. Aus diesem Grund wurden diese Wirkstoffe 1995 in
Österreich verboten. In den letzten Jahren vor dem Verbot stellte
sich heraus, dass von rund 1500 Tonnen des Wirkstoffs etwa 800
Tonnen zur Unkrautfreihaltung von Bahntrassen verwendet
wurden. Nun ist ein Bahndamm nicht annähernd so biologisch

aktiv wie ein gesunder Ackerboden. Von den dort angewendeten Mengen dürfte daher ein sehr großer Anteil ins Grundwasser und in die Vorfluter gelangt sein.

DDT steht für Dichlordiphenyltrichlorethan. DDT war jahrzehntelang weltweit das meistverwendetste Insektizid. Allerding reicherte es sich auch aufgrund der guten Fettlöslichkeit im menschlichen Fettgewebe an. Nach aufkeimender Diskussion in den USA in den 60er-Jahren wurde es in vielen Ländern in den 70er-Jahren verboten.

Im Stockholmer Übereinkommen 2001 betreffend langlebiger organischer Schadstoffe einigte man sich, DDT nur mehr in ganz wenigen Fällen zB. zur Malaria-Bekämpfung einzusetzen. Die Länder haben sich verpflichtet, den Einsatz von DDT zu melden. Demnach wurde DDT im Jahr 2008 in 15 Staaten eingesetzt. In den letzten Jahren mehren sich die Hinweise, dass der DDT-Verbrauch wieder leicht steigt. Es ist schwierig abzuwiegen, ob tausende Tote infolge Malaria jedes Jahr den DDT-Einsatz in geringem Umfang rechtfertigen.

Kupfer-Präparate waren lange Zeit die einzige Möglichkeit, bestimmte Krankheiten im Wein- und Obstbau zu bekämpfen, im Biolandbau wie konventionell. Die aufgewendeten Mengen waren aus heutiger Sicht oft weit weg von gut und böse. Fünf Anwendungen mit 15 kg Reinkupfer waren durchaus möglich. Auf Kupfer-Mangelstandorten vermutlich kaum ein Problem - Kupfer ist auch ein wichtiges Spurenelement -, auf langjährig intensiv behandelten Flächen konnten sogar pflanzentoxische Werte erreicht werden, die dazu führten, dass dort kein Obst- oder Weinbau mehr möglich ist oder sogar der Boden ausgetauscht werden musste. Heute ist die erlaubte Kupfermenge auf wenige Kilogramm pro ha begrenzt.

Die Glyphosat-Lüge

Als vor einigen Jahren das massive Glyphosat-Bashing begann, stellte sich auch für mich als Landwirt die Frage, ob es verantwortbar ist, ein angeblich so schweres Gift einzusetzen. Auch Bauern haben kein Interesse, die Umwelt unnötig zu vergiften. Um auf Nummer sicher zu gehen, fragte ich bei der AGES, der österreichischen Agentur für Ernährungssicherheit nach, ob Glyphosat tatsächlich ein derart gefährlicher Wirkstoff sei. Die Antwort der AGES hat mich verblüfft. Laut AGES handelt es sich bei Glyphosat um einen der umweltverträglichsten Pflanzenschutzwirkstoffe, die wir zur Verfügung haben. Die Antwort der AGES war für mich Anlass, der Anti-Glyphosat-Propaganda auf den Grund zu gehen.

Wie gefährlich ist Glyphosat wirklich? Nimmt man den LD-50-Wert als Maßstab, ist Glyphosat etwa halb so giftig wie Kochsalz (Natriumchlorid). Der LD-50-Wert besagt, welche Dosis eines Wirkstoffes bei einer bestimmten Verabreichungsart (zB. orale Aufnahme), einer bestimmten Verabreichungsdauer und bestimmten Versuchstieren bei 50 % der Versuchstiere zum Tod führt. Bei einem Vergleich ist auf die selbe Methode zu achten. Im folgenden ein paar LD-50-Werte bei Ratten und oraler Aufnahme (über den Mund) der Substanzen:
Wasser: 90 000 mg/kg Körpergewicht
Zucker (Sacharose): 29 700 mg/kg
Vitamin C: 11 900 mg/kg
Alkohol (Ethanol): 7 060 mg/kg
Glyphosat: 5 600 mg/kg
Kochsalz (Natriumchlorid): 3 000 mg/kg
Koffein: 192 mg/kg
Botox (Botulinum-Toxin): 30 Picogramm bis 2 Mikrogramm pro kg, je nach Verfahren (für Ratte – oral kein Vergleichswert auffindbar), entspricht 0,000 000 03 bis 0,002 mg pro kg, das

stärkste bekannte biologische Gift.

Dividiert man die täglich aufgenommene Menge an Kochsalz und Glyphosat durch den jeweiligen LD-50-Wert, lässt das den Schluss zu, dass das Gefährdungspotential von Kochsalz für den Menschen etwa in der Größenordnung 100 000- bis 1-Million-fach höher ist als das von Glyphosat.

Ist Glyphosat krebserregend? Die Frage kann theoretisch und praktisch beantwortet werden. In der Folge kommt es deshalb auch immer wieder zu vollkommen widersprüchlichen Argumentationen. Chemische Substanzen können mittels standardisierten Tests als nicht krebserregend (nicht kanzerogen), krebsverdächtig (oder möglicherweiserweise krebserregend, manchmal auch als wahrscheinlich krebserregend übersetzt) oder als krebserregend (kanzerogen) eingestuft werden. Die Testsubstanz wird über einen gewissen Zeitraum Versuchstieren verabreicht. Die verabreichte Dosis ist im Vergleich zu üblichen Belastungen sehr hoch und wird in der Praxis so gut wie nie erreicht. Die verwendeten Labortiere weisen eine hohe Anfälligkeit bezüglich Krebs auf. Tritt in der Wirkstoffgruppe im Vergleich zur Kontrollgruppe Krebs signifikant häufiger auf, wird der Wirkstoff als krebserregend eingestuft. Ist die Krebsrate erhöht, aber nicht signifikant, wird der Wirkstoff als möglicherweise krebserregend oder krebsverdächtig eingestuft. Tritt im Vergleich keine erhöhte Krebsrate auf, gilt die Substanz als nicht krebserregend.

Wissenschaftliche Methoden sind so angelegt, dass Versuche überall auf der Welt wiederholt werden können und in der Folge zu gleichen Ergebnissen kommen (müssten). Hält man sich an diese wissenschaftlichen Versuchsbedingungen, gilt Glyphosat nach wie vor als nicht krebserregend. Verändert man dieses Feststellungs-verfahren, indem man andere Versuchstiere verwendet, die Dosis

beliebig erhöht und oder den Versuch so lange verlängert, bis
zumindest eine gewisse Krebsverdächtigkeit nachgewiesen werden
kann, dann ist das Manipulation. Solcherart manipulierte Studien
und voreilige Veröffentlichungen in Wissenschaftsmagazinen
mussten wieder zurück gezogen werden.

Wenn man der chemischen Industrie und der Wissenschaft
Käuflichkeit vorwirft, dann muss man das auch der alternativen
Szene vorwerfen. Die weltweit agierende Öko-NGO-Szene verfügt
heute über Umsätze in Milliardenhöhe. Wissenschaftler und
Institute arbeiten heute auch der alternativen Szene zu und liefern
Argumente zu ihrer Unterstützung. Wer in der Industrie keinen Job
mehr findet, aus welchem Grund auch immer, findet ihn dann
möglicherweise in der NGO-Szene.

Gäbe es einen realen Zusammenhang zwischen Krebs und
Glyphosat beim Menschen, müsste die Krebsrate nach dem
Sikkationsverbot 2013 in Österreich bereits signifikant zurück
gegangen sein.

Sikkation war lange in Europa die Glyphosat-
Hauptkontaminationsquelle. Alle anderen großflächigen
Anwendungen liegen zeitlich so weit von der Ernte entfernt, dass
Glyphosat de facto nicht nachweisbar ist. Die AGES hat im
Untersuchungszeitraum 2012 bis 2016 in rund 3 % der
Untersuchungsproben Glyphosat in unbedenklichen
Konzentrationen nachgewiesen. Wobei bei den Proben aus 2012
die Sikkation noch nicht verboten war.

Wer eine allfällige Belastung mit Glyphosat vermeiden will, ist gut
beraten, ausschließlich österreichische Produkte zu kaufen. Seit
dem Sikkationsverbot ist Glyphosat in rein österreichischen
Lebensmitteln de facto nicht mehr nachweisbar. Die von der Öko-
Spenden-Szene immer wieder kolportierten Verunsicherungs-

Meldungen kommen idR. aus Deutschland oder anderen Ländern. Wenn eine Brauerei Getreide aus anderen Ländern zukauft, könnte das allerdings zu einer Kontamination führen. Die dann in Bier feststellbaren Spuren an Glyphosat sind so gering, dass der in Bier enthaltene Alkohol etwa eine um drei oder vier Zehnerpotenzen höhere Gefährdung (1000- bis 10 000-fach) darstellt als das darin möglicherweise enthaltene Glyphosat.

Den Vogel haben die Öko-Alarmisten mit einer Warnung vor Muttermilch abgeschossen. Es wurden Untersuchungsergebnisse von Glyphosat-Gehalten in Muttermilchproben veröffentlicht. Keine der Proben wies einen bedenklichen Wert auf. In der überwiegenden Zahl der Proben wurde auch nichts nachgewiesen. Die Meldung reichte jedenfalls, um junge stillende Mütter unnötig zu verunsichern. Schnell traten Mediziner auf den Plan und forderten ein rasches Ende der Glyphosat-Panikmache. Diese Panik sei demnach unverantwortlich und der zu erwartende Schaden für das Kind infolge raschen Abstillens um ein vielfaches höher.

Es ist meines Wissens keiner weiteren Organisation gelungen, Glyphosat in Muttermilch mit dafür anerkannten Analysemethoden nachzuweisen. Die Zeitschrift TOPAGRAR berichtete über eine Untersuchung von 113 Muttermilchproben, die mit zwei anerkannten Labormethoden erfolgte, die zehnmal genauer analysierten als Standardmethoden, wobei sich in keiner einzigen Probe Glyphosat nachweisen ließ. Mangels Datenquellen ist also nicht feststellbar, wie es zu diesen angeblichen Glyphosat-Belastungen in Muttermilch gekommen sein soll.

Glyphosat sei angeblich im Urin nachweisbar. Interessanterweise sind mir keine Untersuchungen bekannt, wo Glyphosat im Blut nachgewiesen werden kann oder sich irgendwo im Körper anreichert. Was bei Wirkstoffen, die vor 50 Jahren angewendet wurden, tatsächlich ein Thema ist. Man könnte es auch als Vorteil von Glyphosat interpretieren, dass im Falle einer Kontamination der Wirkstoff sehr schnell über die Nieren ausgeschieden wird. Ein neuer Hinweis bezüglich angeblicher Glyphosat-Rückstände wurde von Udo Pollmer, einem sehr fundierten deutschen Lebensmittelchemiker eingebracht. Viele Analysen beziehen sich nicht auf den Gehalt von Glyphosat, sondern auf den Gehalt von Aminomethylphosphonsäure, kurz AMPA. AMPA ist ein Abbau-Produkt von Glyphosat, das wesentlich stabiler ist und daher länger nachweisbar. Organisationen, die es weniger genau mit der Wahrheit nehmen, schließen vom AMPA-Gehalt auf den Glyphosat-Gehalt. Allerdings entsteht AMPA auch durch den Abbau anderer stickstoffhaltiger organischer Phosphonate, wie sie zB. in Waschmitteln, Human- und Veterinärmedikamenten vorkommen. Und das in einer erheblich größeren Konzentration. Wenn eine Umweltorganisation bei einem Mann einen 200-fach überhöhten Glyphosatgehalt im Urin festgestellt haben will, dann wurde das mit großer Wahrscheinlichkeit von der Anwendung einer Creme gegen seinen Fußpilz oder eines anderen Pilz-Medikaments verursacht.

Die theoretische Bewertung von chemischen Substanzen betreffend Krebsgefährlichkeit ist kaum aussagekräftig. Jede zweite chemische Substanz gilt als theoretisch krebserregend oder krebsverdächtig. In Kaffee sind mind. 25 krebserregende und krebsverdächtige Substanzen nachgewiesen. Trotzdem gilt Kaffee laut Molekularbiologe Prof. Frank Madeo als grundsätzlich gesundheitsförderlich. Und das bei bis zu 8 Tassen pro Tag.

Die EFSA (Europäische Behörde für Lebensmittelsicherheit) sowie das BfR (deutsches Bundesinstitut für Risikobewertung) versuchen die tatsächliche Gefährdung durch Glyphosat und andere potentiell giftige Stoffe zu bewerten. Ist bei richtiger Anwendung und Einhaltung der gültigen Grenzwerte eine

Gefährdung für Mensch und Tier zu erwarten? Die Antwort von EFSA und BfR ist diesbezüglich eindeutig. Es ist weder für Mensch noch für Tier eine nennenswerte Gefährdung durch Glyphosat zu erwarten.

Tötet Glyphosat Regenwürmer? Laut Studie eines Professors an der Universität für Bodenkultur wäre ein negativer Einfluss von Glyphosat auf Regenwürmer und eine Erhöhung der Nährstoffauswaschung nachweisbar. Die Studie ist unter folgendem Link einsehbar:

https://www.nature.com/articles/srep12886

Die Versuche wurden mit zwei Regenwurmarten in Kübeln angestellt. Wer sich ein bisschen mit der Biologie von Regenwürmern befasst, weiß, dass solche Versuche häufig hinken. Ich käme niemals auf die Idee, bei in Kugelaquarien gehaltenen Goldfischen Schlüsse über deren artgerechtes Verhalten anzustellen. Der Studienautor ist äußerst chemiekritisch und als Beirat bei einer Umweltorganisation tätig. Wer Scheuklappen in die eine oder andere Richtung (öko oder konvi) hat, dem trau ich kein unbeeinflusstes wissenschaftliches Urteil zu. Weiters wurde eine behandelte und eine unbehandelte Variante verglichen. Aussagekräftig wäre es, chemische und mechanische Bearbeitung zu vergleichen. Die Studie versucht jedenfalls nachzuweisen, dass der Einsatz von Glyphosat einen teilweise negativen Einfluss auf Regenwürmer hat. Auf dem Acker bestätigt sich dieses Ergebnis jedoch nicht.

Eine weitere realitätsnähere Studie befasst sich mit dem Einfluss von mechanischer und chemischer Bodenbearbeitung zum Zwecke der Unkrautfreihaltung auf Weinreben und Umwelt in Weingärten. Nachgewiesen wird, dass sich die Art der Bearbeitung – verglichen wird mechanische Bearbeitung und chemische Behandlung mit

drei unterschiedlichen Wirkstoffen – einen Einfluss auf die
Wurzelbiologie, den Stamm, die Blätter und die Weintrauben hat.
Ob diese Unterschiede wirklich qualitätsmindernd sind, ist eine
interpretatorische Frage. Sehr eindeutig ist jedoch der Einfluss der
Bearbeitung auf die Regenwurmpopulation. In den chemisch
behandelten Varianten finden sich 11- bis 20 mal so viele
Regenwürmer bzw. Regenwurmbiomasse als in der mechanisch
bearbeiteten. Die Studie ist unter folgender Adresse einsehbar:

https://link.springer.com/article/10.1007%2Fs11356-018-2422-3

Die entsprechenden Werte über Regenwurmanzahl und
Regenwurmbiomasse finden sie in table 3 Zeile 1 und 2.

Da ist dem die Studie leitenden Uni-Professor und WWF-Beirat
leider ein mittelschwerer sicher nicht geplanter Unfall passiert.
Inzwischen wurde eine ähnliche Studie nachgereicht, wo die
Veränderung der Regenwurmpopulation einfach weggelassen
wurde.

Viele Berichte aus Regionen, die so weit weg sind, dass sie idR.
schwer überprüfbar sind, stellen sich als blanke Lügengeschichten
heraus. Es wird von Pflanzenschutzanwendungen mit einem
Flugzeug berichtet, wo es höllisch stinkt und den Kindern in der
angrenzenden Schule übel wird. Diese Wirkung kann nicht auf
Glyphosat zurück geführt werden, denn Glyphosat ist
weitestgehend geruchlos.

Es wird auch berichtet, dass Anwender in Südamerika heute
schwer an Krebs erkrankten. In den meisten Fällen ist kein
plausibler Zusammenhang mit Glyphosat herstellbar. Menschen in
Südamerika wenden und wandten erheblich gefährlichere
Substanzen als die bei uns erlaubten, noch wesentlich länger an,
und das idR. mit wenig bis gar keinen Schutzmaßnahmen. Wer bei

uns vor 50 Jahren unter diesen Umständen gearbeitet hat, wies leider auch keine hohe Lebenserwartung auf. Es wäre effizienter, die Länder außerhalb Europas so weit zu motivieren, dass sie zumindest die selben Pflanzenschutz-Standards erreichen wie hierzulande üblich. Über Importregeln lässt sich das durchaus beeinflussen. Wenn bei uns Grenzwerte streng sind oder bestimmte Wirkstoffe gänzlich verboten, dann wird in den dortigen für den Export bestimmten Anlagen auch nach unseren Normen produziert.

Die öffentliche Kritik richtet sich häufig an den Chemie- und Saatgutkonzern Monsanto. Monsanto spielt im weltweiten Glyphosat-Markt heute nur mehr eine untergeordnete Rolle. Der Wirkstoff kann jetzt lizenzfrei in jedem Land produziert und verkauft werden, soferne der Verkauf nicht verboten ist. Monsanto besitzt jedoch noch die Sortenrechte auf bestimmte gentechnisch veränderte Sorten und das Markenrecht auf die Marke „Roundup“. In Europa sind GVO-Sorten idR. nicht erlaubt und infolge NGO-Propaganda ist auch die Marke Roundup stark ramponiert. Die Diskussion zeigt auch, dass hier Globalisierungskritik, Kapitalismus-Hass und Konzern-Bashing die eigentliche Motivation im Hintergrund für den Kampf gegen Glyphosat sind. Was nichts über die Gefährlichkeit oder Ungefährlichkeit des Wirkstoffes aussagt. Hauptsache er lässt sich gut verkaufen - von den Herstellern und den Gegnern.

Zudem wird kritisiert, dass es sich um das meistverkaufte und mengenmäßig umfangreichste Pflanzenschutzmittel der Welt handle. Das ist nicht verwunderlich. Wenn ein breit wirksamer Wirkstoff sehr billig hergestellt werden kann, eine einfache Wirkweise hat und schon ab 2 Dollar pro Liter angeboten wird, dann darf man sich nicht wundern, dass dieser Wirkstoff auch häufig eingesetzt wird. Glyphosat gehört noch zu einer Wirkstoffgruppe, die in höheren Mengen ausgebracht wird. Bei vier Liter Aufwandmenge und einem Wirkstoffgehalt von 360 Gramm pro Liter sind das 1440 Gramm pro Hektar. Neuere Wirkstoffe sind selektiver und effizienter, sodass oft nur wenige Gramm pro Hektar angewendet werden.

Auch als Bienenkiller muss Glyphosat herhalten. Stichhaltig ist die Gefährdung jedoch nicht. Glyphosat steht im Verdacht bei Bienen Orientierungsprobleme zu verursachen. Diese Orientierungs-Probleme können viele Ursachen haben. Maßgebliche Schäden werden durch diesen Wirkstoff sicherlich nicht verursacht. Wirklich bienengefährlich ist nur eine Gruppe im Bereich der Insektizide (Mittel gegen Schadinsekten).

Eine weitere Auseinandersetzung mit dem Thema „Glyphosat" finden Sie in meinem Akte-Glyphosat-Blog unter folgender Adresse:

https://akte-glyphosat.blogspot.com

Das Thema „Glyphosat" abschließend stelle ich fest, dass sich die Anti-Glyphosat-Propaganda noch zu einem der größten Spendenskandale der Nachkriegszeit auswachsen könnte. Massiv Lügen zu verbreiten, um damit beachtliche Mengen an Spendengeldern verunsicherten Menschen aus der Tasche zu ziehen, das ist juristisch betrachtet organisierter Spendenbetrug.

Integrierte Produktion IP

Auch wenn immer wieder von konventioneller Erzeugung die Rede ist, gibt es diesen Produktionsstandard in der Praxis eigentlich nicht mehr. EU-förderungstechnisch wird idR. der Standard „integrierte Produktion" gefordert. Während die zugelassenen Pflanzenschutzwirkstoffe unter gewissen

Bedingungen eingesetzt werden dürfen, setzt die Integrierte
Produktion höhere Standards. Das können Begrenzungen in der
Wirkstoffmenge, in der Wirkstoffart, im Anwendungszeitraum und
in der Zahl der Behandlungen sein. Es kann weiters auch ein
verpflichtender Wirkstoffwechsel vorgesehen sein.

Rückstandsreduktionsprogramme

Aufgabe der EU-Rückstandsreduktions-Richtlinie sowie von
Reduktionsvorgaben der Vermarkter aus dem Bereich des
Lebensmittel-Einzelhandels (LEH) ist die weitere Reduktion von
Wirkstoff-Rückständen in Lebensmitteln. Eine markante Größe
hier wiederum ist der Wirkstoffgrenzwert von 10 Mikrogramm pro
Kilogramm Wirkstoff im Lebensmittel. Je nach Aufkäufer darf
kein Wirkstoff oder bis zu vier Wirkstoffe (letzter mir bekannter
Stand) über diesem Grenzwert nachweisbar sein. Da Umwelt-
NGO.s das Thema für sich entdeckt haben, machen sie
entsprechend Druck und es ist nur mehr eine Frage der Zeit, bis
alle Einkäufer keine Überschreitung des Grenzwertes erlauben
werden.

Da die Grenzwerte ohnehin schon sehr niedrig sind, ist kein
besonderer gesundheitlicher Effekt durch diese Reduktion zu
erwarten. Die strengeren Anforderungen stellen aber die
Produzenten vor die Herausforderung, nur mehr Pflanzenschutzmittel so anzuwenden, dass kein Wirkstoff mehr über dem
Wirkstoffgrenzwert feststellbar ist. Das ist für einen einzelnen
Obst- oder Gemüsebauern so gut wie nicht mehr händelbar.

Einzelne Erzeugerorganisationen gehen regional bereits so weit,
dass sie das Schädlings- und Krankheits-Monitoring unter
Einbeziehung der Klimadaten (Temperatur, Niederschläge,
Luftfeuchte, Wind) sowie die Wirkstoff-Auswahl für die Erzeuger

übernehmen. In der Praxis bekommt der Bauer mittags ein SMS, dass er seine Obstspritze für eine Behandlung vorbereiten soll, ein Mitarbeiter der Erzeugergenossenschaft kommt am Nachmittag vorbei, füllt die Präparate direkt in die Spritze oder übergibt sie zur Behandlung, damit sie zB. am Abend nach Ende des Bienenfluges angewendet werden können.

Gelingt die Unterschreitung dieses Wirkstoffgrenzwertes, bewegt sich konventionelle oder integrierte Erzeugung bereits auf einem Niveau, der in anderen Ländern der EU als Bio-Standard gefordert wird. Produziert ein Biobauer in einem Intensivanbaugebiet in Südtirol biologisches Obst, dann ist er nicht selten von hunderten Hektar konventionellen Obstflächen umgeben. Der Eintrag von Wirkstoffen aus den umgebenden Flächen kann da zu einem Problem werden. In der Praxis werden diese bio-zertifizierten Flächen in zwei Chargen geerntet. Die Randzeilen kommen in eine Charge, die Innenfläche wird in einer zweiten Charge geerntet. Anschließend werden beide Chargen auf Wirkstoff-Rückstände untersucht. Jede Charge, die den Wirkstoff-Grenzwert von 10 Mikrogramm pro Kilogramm unterschreitet, darf dann auch als Bio-Ware vermarktet werden.

Die immer strenger werdenden Anforderungen für konventionelle Ware führen auch dazu, dass es für Bio-Ware immer schwieriger wird, sich von Konvi-Ware positiv zu unterscheiden. Chemisch-analytisch wird der Unterschied immer geringer. Ideologisch motivierte und verfahrenstechnisch begründete Qualitätskriterien bleiben nach wie vor bestehen.

Zudem verwenden Konvi-Betriebe nicht immer nur chemisch synthetische Dünger und Pflanzenschutzmittel. Wo vorhanden kommen auch Wirtschaftsdünger und Präparate aus dem Biobereich zur Anwendung. Paraffinöl, Schwefel, Kupfer und biologische Methoden wie die Verwirrung gehören in vielen

konventionellen Obstbaubetrieben zu den Standardanwendungen.
Dort wo Bio-Methoden effektiv sind, werden sie von den Konvis
genauso gerne genutzt.

einheitliches EU-weites Pflanzenschutzgesetz

Seit einigen Jahren ist nun ein EU-weit einheitliches
Pflanzenschutzgesetz in Kraft. Das abenteuerliche an diesem
Gesetz ist, dass viele Bereiche von den Regionen, in Österreich
den Bundesländern, nach eigenem Ermessen interpretiert werden
können. Was fürs erste wie eine Verwaltungs- und Rechts-
Vereinfachung ausschaut, artete in einer monatelangen Diskussion
in allen Bundesländern aus, die zu unterschiedlich langen
Pflanzenschutz-Landesverordnungen führten. Die kürzeste umfasst
ca. 8 Seiten, die längste etwa 27 Seiten. In einem Bundesland
wurde genau definiert, unter welchen Bedingungen man den
Sachkundenachweis für Erwerb, Transport, Lagerung und
Anwendung erwerben kann, in anderen Bundesländern wurde das
ziemlich unbürokratisch gelöst. Es ist heute rechtlich nicht mehr
möglich, dass ein Landwirt seine Frau, die keine landwirtschaft-
liche Ausbildung hat, zum Landesproduktenhändler schickt, um
ein bestimmtes Präparat zu holen.

Besonders interessant wird es, wenn ein Landwirt aus Nö.
Pflanzenschutzmittel in der Steiermark erwirbt und auf einem Feld
im Burgenland anwendet. Welche konkrete Pflanzenschutz-
Landesverordnung im konkreten Fall zur Anwendung kommt, will
ich nicht ausdiskutieren müssen.

Pflanzenschutzpraxis Bio

Als Biobauer darf ich grundsätzlich nur jene Präparate anwenden, die im Biolandbau erlaubt sind. Die erlaubten Wirkstoffe sind im sog. Betriebsmittelkatalog erfasst. Da es auch hier immer wieder zu Veränderungen kommt, erscheint dieser Betriebsmittelkatalog jährlich neu. Er ist übrigens auch unter www.infoxgen.com online abrufbar. Auch unterjährig kommt es immer wieder zu Nachmeldungen von Wirkstoffen oder Anwendungen.

Bei den gelisteten Wirkstoffen handelt es sich idR. um alte Wirkstoffe aus der Zeit vor dem chemischen Pflanzenschutz und um biogene Wirkstoffe oder biologische Methoden wie zB. Viren oder Nützlinge. Die Registrierung ist relativ streng. Die Registriernummer eines angewendeten Präparats muss sich 100%ig im Betriebsmittelkatalog wiederfinden. Ein bestimmtes Präparat darf nur bei bestimmten Kulturen und nur bei einem bestimmten Schädling oder Krankheit angewendet werden. Auch bei den Konvis ist die Anwendung derart streng geregelt. Die Anwendungen sind in einer Pflanzenschutz-Anwendungsliste oder Spritztagebuch aufzuzeichnen. Diese umfasst u.a. Datum, Schlag, Kultur, Wirkstoff, Wirkstoffmenge, Wassermenge, Windverhältnisse, Wartefrist, Indikation und den Namen des Anwenders.

Als Bioobst-Praktiker kamen in meiner Biobirnenanlage seit 2004 folgende Wirkstoffe bei folgenden Indikationen zur Anwendung. Die Anlage wurde bis dato pro Jahr zwischen null- und sechs-mal behandelt. In Jahren wo der Ertrag gegen Null geht, wurde idR. vollkommen auf Pflanzenschutz verzichtet.

- Paraffinöl als Austriebssspritzung gegen Schädlinge, die in der Rinde überwintern.
- Schwefel gegen Pockenmilbe und Birnengitterrost

- Kupfer gegen Birnengitterrost
- Kaliseife gegen Läuse
- Pheromone zur Verwirrung des Apfelwicklers. Pheromone sollen
die Apfelwickler so stören, dass sich Männchen und Weibchen
nicht finden, in der Folge nicht paaren und auch keine Eier in den
Früchten ablegen können. Der Apfelwickler ist der typische
Verursacher von Verwurmung von Apfel und Birne. Die
Verwirrung ist eher als vorbeugendes Verfahren bei geringem
Schädlingsdruck zu verstehen.
- Schwefelkalk als raschwirksames Stoppmittel gegen
Birnengitterrost.
- Granuloseviren zur akuten Bekämpfung des Apfelwicklers.

Biologisch sind viele Krankheiten und Schädlinge schwer zu
bekämpfen. Deshalb sind nicht alle Obstarten und innerhalb der
Arten viele Sorten nicht sinnvoll biologisch produzierbar. In der
Folge konzentriert man sich auf besonders resistente Sorten und so
weit wie möglich die Anwendung von Nützlingen. Auch die
Unterstützung der Bestäubung mit Mauerbienen, Honigbienen und
Hummeln ist vielerorts üblich.

Der Bio-Pflanzenschutz ist oftmals auch mit gewissen
Problemzonen verbunden. Die Wirksamkeit ist oft wesentlich
schlechter als die chemisch-synthetischer Wirkstoffe. Pyrethroide
wirken bis zu 14 Tage, natürliches Pyrethrum nur etwa drei Tage.
Die Präparate sind teilweise sehr teuer, zB. das Quassia-Extrakt
oder die Verwirrung. Bei letzterem kommt die umständliche
Anwendung dazu. Je nach Verwirrungsmethode sind bis zu 1000
Verwirrungsstreifen pro ha an den Bäumen anzubringen.
Besonders nützlingsschonend sind Bio-Verfahren auch nicht. Im
Spezialfall Kupfer kommt dazu, dass sich Kupfer im Boden
anreichert, was in der Vergangenheit teilweise massive Probleme
verursacht hat, bei den heute erlaubten Anwendungsmengen aber
kein Problem mehr darstellt.

das Analyse-Dilemma

Dank des technischen Fortschritts arbeiten auch Analysemethoden
immer genauer. Konkret vertausendfacht sich die Analyse-
Genauigkeit je nach Wirkstoff und Analysemethode alle 10 bis 20
Jahre. Konnte man 1970 einen Wirkstoff noch in Gramm pro
Kilogramm messen, war derselbe Wirkstoff 1985 bereits in
Milligramm feststellbar. Im Jahr 2000 konnte er bereits in
Mikrogramm gemessen werden und 2010 in Nanogramm.
Nanogramm pro Kilogramm entspricht einer homöopathischen
Verdünnung von D12. Aktuelle Analysen bewegen sich bereits im
Picogramm-Bereich. Es ist nur mehr eine Frage der Zeit, bis man
einen Würfelzucker im Bodensee nachweisen kann. Welche
Aussagekraft das dann noch hat, sei dahingestellt.

Zur Erklärung: 1 Gramm = 1 000 Milligramm = 1 000 000 Mikrogramm =
= 1 000 000 000 Nanogramm = 1 000 000 000 000 Picogramm

Mit dem Einsatz von chemisch-synthetischen Wirkstoffen stellte
sich auch die Frage, ob und wieviel dieser Wirkstoffe als
Rückstand in Lebensmitteln zulässig sind. Anfangs wurden einfach
die Nachweisgrenzen als max. zulässige Rückstandsmengen
definiert. Mit zunehmender Analysegenauigkeit wurden diese
Grenzwerte von den Analysegrenzen entkoppelt und für einzelne
Wirkstoffe eigene Grenzwerte eingeführt. Für die Festlegung eines
Grenzwertes wird eine täglich zumutbare Wirkstoffmenge ermittelt
und die mit einem Faktor 0,01 (1/100) multipliziert. Wird diese
zumutbare tägliche Dosis mit 300 mg/kg ermittelt, beträgt der
zulässige Grenzwert dann 3 mg/kg Erntegut oder Lebensmittel.

Zu den individuellen Grenzwerten für einzelne Wirkstoffe hat sich
ein allgemeiner Wirkstoffgrenzwert etabliert, wo man
grundsätzlich davon ausgeht, dass unter dieser Dosis keine
negative Auswirkung mehr feststellbar ist. Der Wert von 10

Mikrogramm pro Kilogramm spielt auch eine maßgebliche Rolle bei Rückstandsreduktionsprogrammen.

Die immer genaueren Analysemethoden werden auch zu einem Problem für die Bio-Produktion. Die geringsten Spuren von Wirkstoffen werden natürlich auch in Bio-Produkten nachgewiesen. Auch weil die heutigen Bio-Flächen zu über 90 % bis Mitte der 90er-Jahre auch konventionell bewirtschaftet wurden. Wobei die Hauptlast der Altlasten aus den 60er- und 70er-Jahren herrührt. Rückstände von HCB (Hexachlorbenzol) finden sich heute insbesondere in ölhaltigen und fettreichen Früchten. Der Wirkstoff wurde in Beizen und in Holzschutzmitteln verwendet. Flächen neben Telegrafenmasten und Bahntrassen mit Buchenschwellen weisen teilweise stark erhöhte Werte auf. Auf Druck des Handels wurden die Anbauflächen von zB. Ölkürbis analysiert und Hochrisikoflächen ausgeschieden. Zudem wurden Qualitätsstufen eingeführt. Die Anforderungen bei Bio-Ware sind strenger als bei konventioneller.

Die besonders genauen Analysemethoden haben den Vorteil, dass illegale Praktiken zu einem großen Teil nicht mehr vertuscht werden können. Sie können auch Bauern zum Verhängnis werden, die glauben einen Pflanzenschutzmittelrest eines anderen Mittels vom Vorjahr aufbrauchen zu können, ohne ihn extra aufzu-zeichnen. Wird ein Wirkstoffrest nachgewiesen und dieser deckt sich nicht mit den Aufzeichnungen im Spritztagebuch, kann das zum Verlust des Liefervertrages führen. Im Extremfall kann diese Ware nicht mehr über die üblichen Vermarktungswege vermarktet werden.

Bei Obst ist ein großer Teil der nachweisbaren Wirkstoffe Rückstand von Behandlungen in der letzten Zeit vor der Ernte zur Sicherstellung einer gesunden Schale. Aus der Erfahrung der Lagerhalter werden zB. Äpfel nach dem Entleeren mehrere

Stunden im Wasserbad liegen gelassen, bevor sie gewaschen, sortiert und verpackt werden. Das längere Wasserbad führt dazu, dass die vor dem Wasserbad feststellbaren Wirkstoffe auf bis zu 10 % und weniger des ursprünglichen Wertes sinken.

Die besonders genauen Nachweismethoden sind auch eine Einladung zum Missbrauch. Mit dem Hinweis, es wäre etwas nachweisbar, kann eine Gefahr vorgetäuscht werden. Damit wird eine Homöopathie-ähnliche Wirkung erzielt. Es handelt sich dabei um eine Art Placebo- oder Nocebo-Effekt. Die Diskussion über chemische Substanzen, die irgendwo enthalten sein könnten, zB. Acrylamid in Pommes Frites, verursacht in vielen Fällen schon mehr Schaden als die tatsächlich enthaltenen Wirkstoffmengen.

Etwa 2016 ging eine Meldung durch die Medien, wonach in 11 untersuchten Mineralwasser-Proben vier Chemikalienrückstände nachweisbar wären. Zwei Wirkstoffe standen in Zusammenhang mit Pflanzenschutzmitteln, ein Wirkstoff kam typisch in Felgen-Reinigern vor. Wenn möglich gehe ich solchen alarmistischen Meldungen nach. Die Zeitung verwies auf eine Umwelt-Organisation. Auf deren Internetseite fand sich ein Link zum Institut, das die Analyse durchgeführt hat. Die fünfseitige Analyse war übrigens sehr aussagekräftig. Des langen und breiten wurde das Analyseergebnis erörtert. Im vorletzten Absatz fand sich der Hinweis, die Substanzen wären zwar nachweisbar, jedoch wären die Konzentrationen so gering, dass absolut keine schädliche Auswirkung zu erwarten sei. Im letzten Absatz findet sich der Hinweis, dass die Menschheit heute so viele chemische Substanzen emittiere, dass es gar kein Wunder wäre, dass man diese Substanzen immer öfter in der Natur nachweisen könne. Am Ende wurde also viel heiße Luft um nichts produziert. Hauptsache der Spendenrubel rollt.

Vor einigen Jahren wurde von einer Umweltorganisation ein sog.

Pfützentest durchgeführt. Proben aus Wasserpfützen in der Kulturlandschaft wurden analysiert. Es kamen (oder auch nicht) erstaunliche Werte zum Vorschein. Auch Substanzen, die schon 30 Jahre lang verboten waren, wurden festgestellt. Interessanterweise hat man bei den Analyseergebnissen auf die Angabe der Maß-Einheiten und der verwendeten Analysemethoden „vergessen". Es liegt der Verdacht nahe, dass man sich mit Werten im Picogramm-Bereich oder darunter nicht der Lächerlichkeit preis geben wollte.

die Spenden-Industrie

Die Spenden-Wirtschaft ist eine der rasant wachsendsten Wirtschaftszweige in den letzten 30 Jahren. Oftmals handelt es sich um global tätige NGO.s (Non-Government-Organisations) mit Konzernstrukturen. Der WWF (World Wildlife Found for Nature) ist eine Stiftung mit Sitz in der Schweiz mit einem Budget 2014 in der Höhe von EUR 656 Millionen. Greenpeace mit Sitz in Vancouver setzte dagegen 2016 weltweit nur EUR 342 Millionen um. Greenpeace hat rund 3 Millionen Mitglieder und beschäftigte 2008 2400 Mitarbeiter. PETA, eine weltweit agierende Tierschutzorganisation mit Sitz in Norfolk (USA), veranschlagte 2014 43 Millionen Dollar. Zu den international tätigen Spenden-Konzernen kommen landesweite und regional tätige Organisationen überwiegend im Tier- und Umweltschutz, die nicht zu unterschätzende Spendenumsätze lukrieren.

Die Spenden-Industrie ist nicht grundsätzlich kriminell, sie bewegt sich jedoch oft an der Grenze des Legalen. Spendenkeiler betreiben Psychoterror, Ängste und Panik wird verbreitet. Stallungen werden in Schutt und Asche gelegt, in Stallanlagen wird eingebrochen und Stallinventar zerstört. Die angeblich armen Tiere werden freigesetzt, sprich ins Freie rausgelassen. Was nicht wenige der freigesetzten Tiere dann nicht überleben.

In den Medien finden sich dann Bilder, wo Eindringlinge mit
tausendwatt-starken Scheinwerfern in der Nacht die Tiere
aufscheuchen, in ein Eck zusammendrängen und die Bilder dann
die viel zu starken Belegdichten und die tierunwürdige Haltung
beweisen sollen.
Als Tierhalter weiß man nicht mehr, ob man Ställe versperren soll.
Zum einen sollten Eindringlinge abgehalten werden, auch weil
diese möglicherweise absichtlich oder unabsichtlich Krankheiten
einschleppen. Zum anderen sollte im Brandfall der Stall rasch
evakuiert werden können.

Mit der Wahrheit nehmen es die Spenden-Sammler nicht so genau.
Die Meldung, dass in Argentinien jedes Jahr 2 Millionen
Quadratkilometer Regenwald gerodet werden, um dort Soja für
unsere Tierhaltung anzubauen, hat sich bei näherer Recherche als
Rechenfehler von sechs Nullen herausgestellt. Es sind nur rund 2
Millionen Quadratmeter, also 200 Hektar.

In einem anderen Fall wurde behauptet, in Deutschland wäre ein
Landwirt an Schweinepest erkrankt. Der Fall hätte vermutlich
nicht nur mich, sondern auch die weltweite Humanmedizin
interessiert. Auf mehrmaliges Anfragen wurde leider nicht reagiert.
Der angeblich erkrankte Landwirt war plötzlich nicht mehr
auffindbar.

Oftmals werden richtige Schauermärchen erfunden und verbreitet.
In Hamburg soll ein Asylwerber im kalten Winter erfroren sein.
Als man sich auf die Suche nach dem vermeintlichen Opfer
machte, stellte sich heraus, dass die Geschichte von einem NGO-
Mitarbeiter erfunden wurde. Die Erklärung dazu war lapidar.
Solche Geschichten von NGO.s müssten nicht wahr sein, es würde
reichen, wenn man sie sich so gut vorstellen könne.

Erfolgreiche Spendensammler betreiben erfolgreiches

Campaigning. Einer der genialsten Kampagnen war der sog. Schweinemastskandal anfangs der 2000er-Jahre. Die Inszenierung begann in der Hauptgrippezeit, wo nicht nur Menschen häufig an Grippe erkranken, sondern auch Schweine. Wenn man dann die Behörden aufscheucht und Proben ziehen lässt, findet man natürlich im Stall etwas. Wurden die Tiere nach der Infektion ordnungsgemäß medikamentös behandelt, gehen die Tiere nach Einhaltung der Wartefrist ohne messbare Rückstände zum Schlachter. Tierschutz-NGO.s erklären uns, dass den Tieren kiloweise Antibiotika, Medikamente und Hormone in den Trog geschaufelt werden. Das ist absoluter Schwachsinn und spiegelt sich in den Ergebnissen der Fleischuntersuchungen der AGES wieder. In weniger als 1 % wird ein maßgeblicher Rückstand eines Wirkstoffes gefunden. Fleisch zu essen schützt also nicht vor bakteriellen Erkrankungen oder Grippe.

Im Dezember 2018, wenige Wochen vor Weihnachten, wurde ich Hörzeuge eine exzellent gestalteten Kampagne einer Umweltorganisation, die die Wasserqualität in viehhaltungs-intensiven Regionen untersucht hat. Und natürlich aufgrund des Analyse-Dilemmas genug gefunden hat. Der Verdacht liegt nahe, dass diese stakkato-artige Berichterstattung in diesem Kunst-, Kultur- und Wissenschaftssender sendefertig in der Redaktion abgeliefert wurde. Beginnend mit der ersten Nachrichtenmeldung um 5 Uhr früh wurde im Stunden- und Halbstundentakt immer wieder neues ergänzt, Interviews eingefügt, neue alarmistische Meldungen dazu genommen. Das würde ein normaler Radio-Redakteur in dieser Dramatik so nie schaffen. Die Krönung im Mittagsmagazin war dann, dass ein tatsächlich ernstzunehmender Wissenschaftler die Gefährdung der Umwelt durch Spuren von Antibiotika und Medikamenten in der Umwelt dann aufgrund der sehr geringen Mengen relativiert hat.

Diese Kampagne zeigt wiederum, das viel größere Gefährdungen aus Rücksicht auf die potentiellen Spender ignoriert werden. Die hierzulande eingesetzten Antibiotika werden etwa zur Hälfte als Human-Antibiotika beim Menschen eingesetzt. Die andere Hälfte wandert in die Veterinär-Medizin. Von den in der Veterinär-Medizin eingesetzten Wirkstoffe wandert ein Teil in die Erzeugung lebensmittelproduzierender Tiere, der andere Teil wird für Hund, Katze, Meerschweinchen, Wellsittich und Tanzmaus verwendet. Anwendung und Wirkungsweise sind bei Mensch und Tier nicht unähnlich.

Ein erheblicher Teil der Wirkstoffe wird über Fäkalien wieder ausgeschieden. Beim Nutztier landen sie in Mist, Gülle und Jauche, anschließend auf dem Feld. Dabei ist der Boden ein relativ guter Filter mit hoher biologischer Aktivität. Bei Haustieren wird idR. in der Biotonne entsorgt, die Wirkstoffe landen auf dem Kompostplatz. Beim Menschen gelangen die Wirkstoffe über die Toilette in die Kläranlage, die nicht dafür ausgerichtet ist, solche Wirkstoffe herauszufiltern oder abzubauen. Setzen wir nun die Belastung eines Baches in einer Gemeinde, in der 20 000 Schweine gehalten werden, mit dem Ablauf der Wiener Kläranlage in die Donau in Relation. In Wiener Kläranlagen werden die Abwässer und Medikamente von etwa 1,5 Mio. Menschen geklärt. Etwa 500 000 Einwohner sind älter als 60 Jahre. Sie nehmen altersbedingt überdurchschnittlich viele Medikamente ein. In der Folge ist die punktuelle Wirkstoffbelastung am Ablauf der Wiener Kläranlage möglicherweise ein vielhundert-faches höher als in einem Gerinne in einer Intensivtierhaltungsregion.

Selbstverständlich werden auch Umweltbelastungen entlang von Autobahnen und Schnellstraßen sowie entlang der Bahntrassen ausgespart, um den Spendern nicht die Spenderlaune zu verderben.

Die Methodik der Spenden-Industrie ist leicht nachvollziehbar. Zuerst muss Betroffenheit erzeugt werden. Wird das spendentechnisch zu verkaufende Problem dann wahrgenommen, gilt es die potentiellen Spender so in Angst, Panik oder Betroffenheit zu versetzen, dass sie ihre Brieftasche zücken und spenden. Dabei verstecken sich die Öko-Märchenerzähler oft hinter Floskeln wie „man könne nicht ausschließen, dass ..." oder „man finde Werte bis zu ..." oder „man könne sogar dies oder jenes nachweisen" oder „die Folgen seien überhaupt noch nicht abschätzbar" oder „die Materie sei noch viel zu wenig erforscht".

Sympthomatisch ist auch die oft praktizierte Schwarz-Weiß-Malerei. Dort wären die Bösen, aber wir sind die Guten. Spenden sie uns Geld, dann gehören sie auch zu den Guten!

Üblicherweise wird diese Spenden-Keilerei über Spendenbriefe betrieben. Kommt man als potentieller Spender näher in Betracht, häufen sich die Telefonanrufe. Vorrangiges Ziel vieler Spenden-Sammler ist ein Abbuchungsauftrag oft nur von wenigen Euros pro Monat. Die spürt man zwar nicht, aber bei EUR 5,- pro Monat ist man am Jahresende auch EUR 60,- los. In der Wirtschaft würde man das als Kundenbindungsprogramm bezeichnen. Besonders penetrant sind die Erbschleicher unter den Spenden-Keilern. Man könne ganz leicht für seinen Hund vorsorgen oder sich mit einer maßgeblichen Erbschaft ein ewiges Denkmal oder Andenken als Tierschützer setzen. Nähere Informationen finden Sie in den Testaments-Broschüren der einzelnen Organisationen möglicherweise incl. Kontaktadressen von Notaren, die Ihnen bei der Abfassung eines Testaments zugunsten des Vereines behilflich sind. Natürlich wird auch auf die anderen Erben Bedacht genommen, damit sie nicht leer ausgehen. Und vielleicht ein Betrugsverfahren gegen den Verein anstrengen.

Einen besonderen Fauxpas lieferte eine Tierschutzorganisation, die mittels Fragebogen ihre Spender ausspionieren wollte. Wenn Sie laut Fragebogen ziemlich alt sind, Haustiere besitzen und keine

nahen Angehörigen, dann könnte es schon sein, dass sich dieser
Verein dann in einer ganz besonderen Weise um sie „kümmert".

Für Spendenzwecke lassen sich Tiere und Ängste sehr gut
verkaufen. Besonders die Biene hat es den potentiellen Spendern
angetan. Man muss nur oft genug vom Bienensterben reden, bis
alle glauben, dass die Bienen sterben. Vereine gegen Tierversuche
verkaufen auch lieber Katzen als Versuchstiere, obwohl sie in
Tierversuchen de facto keine Rolle spielen. Mehr als 99,5 % der
Tierversuche werden mit Mäusen und Ratten durchgeführt. Die
lassen sich aber nicht so gut als Versuchsopfer verkaufen.

Aufgrund der Vielzahl an Spendenorganisationen hat sich ein
gewisser Spendenwettbewerb entwickelt. Die potentiellen Spender
planen idR. ein gewisses Spendenbudget, das überwiegend gegen
Jahresende dann umgesetzt wird. Das erklärt auch das
Anschwellen der Spendenpost im Spätherbst und die Überflutung
mancher Medien mit Spenden-Werbung. Wer die Spender-
Zielgruppe am besten umwirbt, bekommt vom Spendenkuchen am
meisten ab.

Steigendes Spendenvolumen erlaubt steigende Aktivitäten, um die
Spender zu umwerben. Je mehr sie spenden, umso mehr werden
sie umworben.

Auf der Suche nach einem Motiv, warum die Spendenindustrie
derart explodiert, bin ich bei Maslow gelandet. Abraham Maslow,
ein amerikanischer Psychologe, hat die nach ihm benannte
Bedürfnispyramide entwickelt. Nach der Deckung der
Grundbedürfnisse (Stufe 1), der Sicherung der Grundbedürfnisse
(Stufe 2), dem Bedürfnis nach sozialem Kontakt (Stufe 3) kommt
in Stufe 4 das Bedürfnis nach sozialem Status. Menschen wollen
dann Gruppenleiter werden, Vorarbeiter, Gemeinderat,
Bürgermeister, oder jemand, der Menschen in Angst, Panik oder

psychische Abhängigkeit bringt, indem er Angstmärchen, Bedrohungsszenarien, alternative Fakten oder Verschwörungs-Theorien verbreitet. Je mehr Menschen diese Person in ihren Einfluss bringen kann, umso höher ist ihr sozialer Status.

Relativ vernünftig und ehrlich arbeiten viele Human-NGO.s wie Feuerwehr, Rettungs-, soziale Hilfs-, Selbsthilfe- und Entwicklungshilfe-Organisationen. Sie bedienen sich ebenfalls häufig moderner Fundraising-Methoden.

Wie gesund ist gesunde Ernährung?

In der öffentlichen Wahrnehmung ist ziemlich eindeutig festgelegt, was „gesund" ist und was nicht. Vieles davon fällt in die Gruppe moderner Ernährungsmärchen und Mythen, wie die Erfahrungen der Familie Mustermann zeigen.

Familie Mustermann (Vater, Mutter, Sohn, Tochter und Oma) genehmigen sich einen Wellness-Urlaub. Im Zuge des Urlaubs hören sie sich einen überzeugenden Vortrag über gesunde Ernährung an und stellen voller Begeisterung ihr Ernährung auf Vollkornprodukte, Milchprodukte, Obst und Gemüse sowie Rohkost um. Das funktioniert eine Woche ganz gut. In der Folgewoche tauchen die ersten Wehwehchen auf, die in der nächsten noch schlimmer werden. In der vierten Woche nimmt die Familie dann ärztliche Beratung in Anspruch, weil es zu allerlei Unpässlichkeiten und gesundheitlichen Störungen kommt.

Max Mustermann verträgt keine Vollkornprodukte. Rund 32 % der Menschen reagieren bei regelmäßigem Verzehr von Vollkorn-Produkten zu chronischer schmerzhafter Darmentzündung mit blutigem Stuhl, Durchfall und häufigen Bauchschmerzen. Aus heutiger Sicht war der Mensch seit Nutzung des Getreides ja nicht blöd, wenn er seit Anbeginn den Mehlkörper von der Samenschale getrennt hat, da die Schale verdauungsstörende Stoffe enthält. Der biologische Sinn eines Getreidekorns war nie, von irgend jemand gefressen zu werden, sondern an eine Stelle zu fallen, wo das Korn wieder keimen und eine neue Pflanze hervorbringen kann. Monika Mustermann ist glutenunverträglich. Bisher hat sie instinktiv glutenhaltige Lebensmittel und Bier möglichst gemieden. Es hat ihr einfach nicht geschmeckt. Die angeblich gesunde Ernährung hat bei ihr dauerhaft Durchfall und Blähungen verursacht.

Markus Mustermann ist Laktose-intolerant, seine Verdauung produziert zu wenig milchzucker-spaltende Lactase. Früher hatte er Produkte mit Milchzucker gemieden. Jetzt stellten die Milchprodukte auch seine Verdauung auf den Kopf.

Martina Mustermann leidet an einer Fruchtzucker-Intoleranz. Gemüse aß sie früher mit Genuss und Obst meist, wenn es noch unreif war. Besonders die Fruchtsäfte ließen ihren Darm nun revoltieren.

Oma Mustermann verträgt die Rohkost nicht. Sie hatte sich schon lange angewöhnt, Gemüse zu dünsten oder Obst zu verbacken. Das war nie ein Problem. Das ganze nun roh zu essen, hatte ihre Verdauung überfordert.

Wie gesund ist nun die angeblich gesunde Ernährung?

Mit welchem Recht und welchem Wissen erklären uns die vielen Ernährungsapostel und Ernährungswunderwuzzis, was für uns gut ist? Die kennen uns gar nicht. Und was hülfe uns das Wissen über gesunde Ernährung, wenn uns diese gar nicht schmeckt? Sollten wir nicht selbst einen Sinn dafür entwickeln, was uns schmeckt und was uns gut tut?

Zum einen erklärt man uns mit missionarischem Eifer, wie schlecht unsere Nahrung ist. Zum anderen werden die Menschen heute so alt und so gesund alt wie noch nie. Die Generation, die in den 60er- und 70er-Jahren mit wirklich schlimmen Giften konfrontiert wurde, wird heute 90 Jahre alt und älter. Unsere Nahrung ist heute so gut untersucht und überwacht wie noch nie in der Menschheitsgeschichte. Unser Wissen über Ernährung und Wirkstoffe ist so hoch wie noch nie. Die eingesetzten Wirkstoffe waren noch nie so streng reglementiert wie heute.

Auffällig ist auch, dass die Ess-Störungen massiv zunehmen. Übergewicht ist ein massives gesellschaftliches Problem. Bulimie (Ess-Brech-Sucht) betrifft immer mehr junge Frauen. Anorexie schafft es, dass Menschen vermutlich in Folge von Gehirnwäsche diverser Organisationen oder Medien ihr Essen nicht mehr genussvoll zu sich nehmen können und jedwedes Hungergefühl verlieren. Der Tisch ist so reichlich gedeckt wie noch nie. Und trotzdem schaffen es immer mehr Leute, trotz einer vollen Schüssel zu verhungern oder zu leiden.

Die wirklichen Gesundheitsgefahren haben heute primär nichts mit der Lebensmittelqualität zu tun. Wir essen oft zu viel, wir machen zu wenig Bewegung, wir nehmen zu wenig Flüssigkeit zu uns oder zu viel alkoholhaltiges, nicht gerade wenige rauchen.

Bio und Klimaschutz

Häufig wird behauptet, dass Bio das Klima schütze. Das Thema sollte allerdings etwas differenzierter behandelt werden.

Eines der bedeutendsten Klimagase ist Kohlendioxid. Humus ist ein bedeutender Speicher von Kohlenstoff aus Kohlendioxid. Ein Prozent Humus speichert ca. 90 Tonnen Kohlendioxid. Gelingt es

meinen Humusgehalt um 1 % zu steigern, speichere ich damit
weitere 90 Tonnen pro ha Fläche.

Wenn im Biolandbau ein höherer Grünlandanteil vorzufinden ist,
sind auch die Humusgehalte höher, d.h. es wird mehr
Kohlendioxid gespeichert. Nachteilig ist allerdings, dass im
Biolandbau bei gleichen Ackerkulturen der Boden häufiger
bearbeitet werden muss. Bodenbearbeitung führt zu Abbau von
Humus und Freisetzung von Nährstoffen. Hier ist der Biolandbau
nachteilig. Den besten humuskonservierenden Effekt weisen
Direktsaat- und Minimalbodenbearbeitungsmethoden auf. Sie sind
allerdings auf einen 100-%igen chemischen Pflanzenschutz
angewiesen.

Ein weiteres bedeutendes Klimagas ist Methan. Es entsteht bei
Fäulnis unter Luftabschluss und im Pansen von Wiederkäuern. Die
oft verurteilte intensive Massentierhaltung dürfte jedoch nicht der
Hauptverursacher des Problems sein. Die deutschen Buchautoren
Maxeiner und Miersch haben Untersuchungen ausgegraben,
wonach Milch aus extensiver Kuhhaltung mit ca. 2500 Liter
Milchleistung pro Liter Milch bis zu 16 mal so viel Methan
emittiert als eine Hochleistungskuh mit 10 000 Liter
Milchleistung.

Ein anderes Thema ist die Ressourcen-Schonung. Fürs erste
steigen die Konvis hier schlechter aus, weil sehr hohe
Energiemengen in die Erzeugung von synthetischen Düngern
gehen. In der Anwendung ist der Energieverbrauch gering. Die
selbe Menge Nährstoffe in Form von Biodüngern auszubringen ist
um ein vielfaches aufwendiger. Die Praxis im konventionellen
Landbau, die mit den Produkten entzogenen Nährstoffe wieder
aufzudüngen, gelingt im Biolandbau in vielen Fällen nicht.

Betrachtet man auch Grund und Boden als Ressource, muss man

sich auch die ehrliche Frage stellen, ob es Ressourcen-schonender ist, auf einem Hektar 4000 oder 7000 Kilogramm Weizen zu erzeugen. Bio-kritische Mitbürger stellen nicht selten die Behauptung in den Raum, dass für je zwei Hektar, die bei uns auf Bio umgestellt werden, irgendwo auf der Welt ein Hektar Land umgepflügt oder ein Hektar Regenwald gerodet werden muss, um zumindest die Welterntemenge aufrecht zu erhalten. Noch nicht eingerechnet, dass auch die Weltbevölkerung Jahr für Jahr wächst.

Immer wieder wird auch der Energie-Bedarf für die weltweiten Lebensmitteltransporte ins Treffen geführt. Allerdings ist der Energie-Bedarf pro Tonne und Kilometer sehr unterschiedlich. Am effizientesten ist der Transport per Schiff. Der Transport per Bahn verbraucht ungefähr fünfmal so viel Energie. Der Transport mit LKW und Transporter ist etwas 15-mal so aufwendig wie mit dem Schiff. Es ist daher durchaus möglich, dass der Transport eines Produkts von Linz nach Wien per LKW die Umwelt mehr belastet als der Seetransport per Schiff über den Atlantik.

Ist das Produkt nun im Verkaufslokal angekommen, stellt sich die Frage, wie es zum Verbraucher kommt. Holt er es per Fahrrad oder zu Fuß? Nimmt er es auf dem Weg zur Arbeit mit? Fährt er zum Wochenendeinkauf in die nahegelegene Bezirksstadt? Oder fährt jemand mit seinem SUV in das hinterste Pielachtal, um sich dort 5 Kilo Äpfel zu kaufen?

Kann Bio die Welt ernähren?

Diese Frage wird in der Bioszene kryptisch und regelmäßig rauf und runter gebetet. Aus Biosicht kann sie das natürlich. Die Frage ist nur mit welchen Konsequenzen das verbunden ist.

Bei weltweit biologischer Erzeugung würde die Welterntemenge je nach Produktgruppe um ein Drittel bis ein Fünftel sinken. In der Folge würden die Weltmarktpreise je nach Produkt um 25 bis 100 % steigen. Das ist für Gutverdiener kein Problem, für Menschen mit durchschnittlichem Einkommen und darunter allerdings schon. Die Zahl der Produkte, die wir heute standardmäßig im Lebensmitteleinzelhandel kaufen können, wird sich vermutlich halbieren.

Bei Bioproduktion ist der Anteil an abfallenden Qualitäten, an Obst und Gemüse mit Schönheitsfehlern höher. Andererseits wäre die Motivation, weniger Lebensmittel wegzuwerfen, ebenfalls erheblich höher.

Auswirkungen hätte eine Umstellung auf Alles-Bio auch auf die Fleischproduktion. Sie müsste um ein bis zwei Drittel weltweit reduziert werden. Für unterdurchschnittliche Einkommensbezieher wird Fleisch dann kaum mehr leistbar sein.

Abschließend ist festzustellen, dass ein beachtlicher Teil der Weltnahrungsmittelerzeugung derzeit biologisch, wenn auch oft nicht zertifiziert, bereits statt findet. Bei manchen Kulturen werden kaum synthetische Dünger und Pestizide benötigt. In manchen Gegenden der Erde sind Dünger und Pesitizide gar nicht verfügbar oder nicht leistbar.

Was fällt Ihnen spontan zum Thema „Bio" ein?

Diese Frage stelle ich bei Vorträgen zum Thema „Alles bio oder was?". Die Zuhörer sind dann spontan etwas überfordert. Im Zuge der Zeit haben sich aber eine Menge an Meinungen, Märchen und Mythen angesammelt. Viele werden Ihnen bekannt vorkommen. Eine Auswahl davon samt Kommentar finden Sie im folgenden.

„Die Biobauern spritzen und düngen in der Nacht".
Diese häufig zu Beginn des Bio-Booms zu hörende Aussage ist im wesentlichen als Häme eingefleischter Konvis zu verstehen. Man konnte und wollte nicht wahrhaben, dass ohne Spritzen und Düngen auch etwas wachsen könne. Den Jungbauern der Nachkriegszeit wurde eingetrichtert „Wennst nix strahst (streust), dann wogst (wächst) nix". Wobei man hier die gesellschaftlichen Rahmenbedingungen nicht ausblenden darf. Damals war Österreich noch kein Selbstversorger und auf Nahrungsmittel-Importe angewiesen. In einem Land, das ausreichend mit agrarischen Flächen ausgestattet ist, war die Erreichung der Selbstversorgung aus eigener Erzeugung lange oberste Priorität. Die agrarische Erzeugung wuchs. Das Pendel schlug um und endete in Milchseen, Weinseen, Milch- und Butterberge. Plötzlich schien es viel schwerer zu sein, mit Überschüssen umzugehen als mit Mangel. Über die Nutznießer dieser Entwicklung will ich mich hier nicht äußern. Es waren meist nicht die Bauern. Ihnen hatte man erhebliche Beiträge für den Export abgezogen. Haben sich zB. für den exportfertigen Mahlweizen bis zu Schilling (ATS) 4,- pro Kilogramm an Kosten (Einkauf, Reinigung, Lagerung) angesammelt, im Export konnten aber oft nur ATS 1,- erlöst werden, mussten ATS 3,- gestützt werden, unter anderem finanziert mit Absatzförderungsbeiträgen der Bauern. Mit dem Export wurde oft mehr verdient als die Bauern für den Weizen überhaupt erlöst haben. Fördertöpfe wurden und werden nicht selten als Selbstbedienungsläden betrachtet.

„Biobauern spritzen und düngen nicht"
Das Thema Spritzen und Düngen wurde im Buch bereits behandelt. Biobauern dürfen Pflanzenschutz betreiben und düngen, allerdings nur mit Betriebsmitteln, die im Betriebsmittelkatalog des jeweiligen Jahres angeführt sind. Die Anwendung ist relativ streng geregelt.

„Biobauern leben nur von Subventionen"
Diese Frage ist etwas heikel. Der Anteil öffentlicher Fördermittel
bei konventionellen Betrieben liegt bei etwa 45 %. Bio-Betriebe
beziehen etwa im Rahmen von 80 bis 110 % ihres
Betriebseinkommens öffentliche Fördermittel je nach
Produktionssparte. Eine relativ zuverlässige Quelle dazu ist der
jährliche Grüne Bericht des Landwirtschaftsministeriums. Böse
Zungen interpretieren das in der Form, dass Biobauern dann de
facto öffentlich Bedienstete mit vollem Unternehmerrisiko seien.
Böse Zungen behaupten auch, dass bei höheren öffentlichen
Fördermitteln für Bio und geringerem Ertrag der Anteil
öffentlicher Fördermittel bei Bio-Produkten rund doppelt bis
viermal so hoch ist als bei den Konvis.

Den meisten Kunden ist das nicht bewusst, wenn sie vor dem
Regal stehen, und darüber nachdenken, ob sie das konventionelle
Produkt um EUR 1,- oder das Bio-Produkt um EUR 1,50 oder
EUR 2,- kaufen sollen. Pro vergleichbarer Einheit wohlgemerkt.
Wenn sie bei konventioneller Ware für ein Kilo EUR 1,- bezahlen
und für Bioware bei 500 Gramm EUR 1,20, dann ist der
Unterschied gefühlt gering, real aber ziemlich hoch.

„Bio ist gesund (oder gesünder)"
Es besteht kein vernünftiger Einwand gegen diese Behauptung.
Der Umkehrschluss, dass konventionelle Produkte nicht gesund
wären, ist meiner Meinung nicht zulässig. Mehr als 99 % der
Gifte, die wir täglich zu uns nehmen, sind in Bio-Produkten wie
konventionellen gleichermaßen vorhanden. Das Thema wurde
bereits ausreichend behandelt.

Auch wenn uns der durch die Spenden-Industrie betriebene Neo-
Alarmismus vorgaukeln will, dass alles so vergiftet ist wie noch
nie, waren unsere Lebensmittel noch nie so gut und so sicher
produziert wie heute. Ein Phänomen wie viele andere auch. Frauen

geht es heute so gut wie noch nie. Trotzdem beklagen sich Feministen und Feministinnen über die anhaltend schlimme Lage der Frauen in unserer Gesellschaft.

Sympthomatisch ist, dass die gut gegen Spenden verkauften Ängste schon mehr Schaden anrichten als das was wirklich an synthetischen Schadstoffen drin sein könnte. Wenn Sie bio essen in der Auffassung, dass es gesund sei, und konventionelle Erzeugnisse mit der Vorstellung, dass sie vor Giften nur so strotzen, dann würd ich Ihnen auch nur den ausschließlichen Konsum biologischer Produkte empfehlen. Gegen diese Vorstellung, die bei vielen Verbrauchern schon gut im Unterbewusstsein verankert ist, kommen Sie mit logischen Argumenten nicht an.

Besondere Vorsicht ist geboten, wenn das Phantom der Vitalstoffe als Argument in der Gesundheitsdiskussion herumgeistert. Diese Stoffe sind schwer zu definieren. Inhaltsstoffe unterscheiden sich in Bio- und Konvi-Produkten kaum. Und wenn in einem Konvi-Produkt 10 % ein sog. Vitalstoffes weniger enthalten sein sollte, dann muss auch darauf hingewiesen werden, dass noch nie so viel Obst und Gemüse gegessen wurde und zur Verfügung stand wie heute. In Summe ist die Versorgung mit Vitaminen und Mineralstoffen heute so gut wie noch nie in der Menschheits-Geschichte. Natürlich war Sauerkraut vor 100 Jahren auch gesund. Allerdings war Sauerkraut damals für viele Menschen oft über mehrere Monate das einzige Gemüse, das zur Verfügung stand.

„Bio-Produkte sind von besserer Qualität"
Der Qualitätsbegriff ist leider schwierig zu definieren. Sind es wertbestimmende Inhaltsstoffe? Ist es die Freiheit von bestimmten Schadstoffen? Ist ein bestimmtes Verfahren ein Garant für Qualität?

In Studien wird immer wieder versucht, messbare Unterschiede nachzuweisen. Viele dieser Studien sind dezitiert gezinkt. Entweder werden Birnen mit Äpfeln verglichen oder die Interpretation ist manchmal nicht ganz nachvollziehbar. Eine Studie hat zB. nachgewiesen, dass bei biologischem Gemüse die Trockensubstanzgehalte höher wären. Aus der Sicht des Studienautors in einer bio-freundlichen Studie war es ein positives Qualitätsmerkmal. Nicht bio-freundliche Interpreten würden sagen, Bio-Gemüse wäre dann weniger knackig und frisch im Geschmack.

Bei Studien muss man immer darauf achten, wer sie für wen macht. Es kommt so gut wie immer das raus, was dem Auftraggeber nutzt oder sich von ihm verkaufen lässt.

Neben der messbaren Qualität wird der Begriff auch ideell benutzt. Qualität ist dann regionale Erzeugung oder ein bestimmter Produktionsstatus. Ausschlaggebend ist nicht meine Vorstellung von Qualität als Erzeuger, sondern das, was davon beim Endkunden ankommt. Und wofür er einen höheren Preis akzeptiert.

„Bio ist gut fürs Klima"
Auch dieses Thema wurde bereits ausführlich behandelt. Es gibt diesbezüglich tatsächlich widersprüchliche Sichtweisen. Leider gibt es keine Studien darüber, ob es besser wäre, allen Ackerbau zwangsweise zu ökologisieren, oder die Hälfte des Ackerbaus so weit wie möglich zu intensivieren und die andere Hälfte bestmöglich nach Umwelt-Anforderungen zu extensivieren, mit hohem Grünlandanteil, wenig Chemie und Nährstoffen, im Idealfall einer Magerwiese, vielleicht in Form eines extensiven Agro-Forst-Systems.

Relativ neu sind Studien aus Skandinavien und USA, die für Bio-Produkte 50 bis 100 % mehr Kohlendioxidbelastung im Gesamt-System ausweisen. Berücksichtigt wird dabei insbesondere der höhere Flächenverbrauch infolge niedrigerer Erträge.

„Bio ist gut für die Artenvielfalt, die Insekten- und die Vogelwelt"
Was die Vogelwelt angeht, spricht Birdlife, eine im wesentlichen spendenfinanzierte Vogelschutzorganisation eine klare Sprache. Es gibt demnach keinen wirklichen Vorteil für die Vogelbestände auf Bioflächen. Man unterstellt Biobauern eine intensivere Nutzung, was aber nicht logisch nachvollziehbar ist. Biobauern schaffen sicher nicht mehr Nutzungen als konventionelle Grünlandbauern. In der Regel werden im Biobereich kaum mehr als zwei Schnitte möglich sein, eventuell mit einer zeitweisen Beweidung.

„Bio kann die Welt ernähren"
Das Thema wurde bereits ausreichend behandelt. Ich stelle fest, dass es bereits jetzt nicht möglich ist, die Welt ausreichend zu ernähren. Die WHO verweist auf rund 800 Mio. Mangelernährte, nicht Hungernde. Was man unter Mangelernährung verstehen will, ist fraglich. Böse Zungen bezeichnen auch Veganer und Menschen mit ähnlich strengen Ernährungs-Formen hierzulande als Mangelernährte. Inwieweit auch Vitamin-A-Mangel, der durch gentechnisch veränderten Reis behoben werden könnte, ebenfalls in die Zahl von rund 800 Millionen einfließt, konnte ich noch nicht in Erfahrung bringen. Die Zahl der Mangelernährten hat idR. wenig mit biologischer oder konventioneller Wirtschaftsweise zu tun. Es hängt vielmehr davon ab, ob in der betroffenen Region eine eigenständige Lebensmittelversorgung möglich ist oder nicht. Ein erheblicher Teil der Mangelernährung ist auf Bürgerkriege, Religionskriege, militante Banden, Diktaturen und mafiose Strukturen zurückzuführen.

Geschmack ist bekanntlicherweise Geschmackssache. Und eine Frage der Gewöhnung. Sind wir nichts anderes gewöhnt als das Joghurt, das in Großmengen produziert wird, dann werden wir diesen Geschmack als üblich und vermutlich auch als gut im Sinne von gewöhnt empfinden. Sind Sie schon etwas älter oder haben Sie Zugang zu alten oder älteren Geschmäckern, zB. alten Obst- und Gemüsesorten, dann ist Ihr Geschmacksempfinden vielfältiger als bei jenen, die sich jahrzehntelang die Lebensmittel im nächsten vielleicht sogar im gleichen Laden einkaufen.

Besonderer Geschmack ist sehr eng mit alten Sorten und alten Verarbeitungsmethoden verknüpft, wie sie oft in biologischen Betrieben verwendet werden. Dort darf Selchfleisch oft noch drei Wochen in der Sur (Salzlake) liegen und eine Woche lang kalt geselcht werden. Oft sind es auch über Generationen überlieferte Rezepte mit Kräutern oder anderen Geschmacksträgern. Im gewerblichen Bereich wird das Fleisch mit Sur-ähnlichen Flüssigkeiten gespritzt und relativ rasch geselcht. Die Methode ist anders, aber sie ist deshalb nicht schlecht oder böse. Die Lebensmittel-Industrie orientiert sich an diesen alten oder als gut empfundenen Geschmäckern und arbeitet daran, sie mit industriellen Methoden zu erreichen. Das Ergebnis ist, dass Sie heute vergleichbare Geschmackserlebnisse im großflächigen Lebensmitteleinzelhandel zu Diskontpreisen erwerben können.

Aufgrund der Erwartungen des Käufers versuchen die industriellen Erzeuger mit möglichst natürlichen Komponenten zu arbeiten. Ein bekannter österreichischer Konservenhersteller garantiert bereits seit ca. 30 Jahren, dass seine Produkte ohne künstliche Farbstoffe, ohne Geschmacksverstärker und ohne künstliche Konservierungs-Stoffe erzeugt werden. Außer im Extrem-billig-Segment kann man das als Stand der (Lebensmittel-)Technik bezeichnen. Wobei darauf hingewiesen werden soll, dass Konservierung auch mit

Hitze (sterilisieren) oder natürlichem Essig erfolgen kann. Zu
Tafelkren können sie zur Geschmacksverstärkung auch Obers oder
Apfelstückchen beimischen, da brauchen sie keine Glutamate.

„Bei Bio ist alles nur Betrug“
Dieses Vorurteil ist weitestgehend unbegründet. In den Anfängen
der Bioszene war es tatsächlich ein Thema. Zu verlockend war es,
Eier aus Batteriehaltung ein bisschen mit Hühnermist zu
bekleckern und am Markt als Biofreilandeier zu verkaufen. Mit der
Szene ist die Kontrolle und die Aufmerksamkeit gewachsen.
Batterieeier werden schnell und einfach als solche identifiziert. In
Österreich ist das nach dem Verbot der Käfighaltung auch kaum
mehr ein Thema.

Bio-Produkte werden regelmäßig und streng kontrolliert.
Verbotene Hilfsmittel können mit den bekannt scharfen Analyse-
Methoden relativ zuverlässig nachgewiesen werden. Wenn zB. der
Pflücker von Obst ein chemisch-synthetisches Gelsenschutzmittel
verwendet, können Sie das unter Umständen sogar im Obst
nachweisen.

Was nicht eindeutig nachweisbar ist, sind zB. Stichtag-
Verletzungen. Wenn Sie bis zu einem gewissen Datum Dünger
ausbringen dürfen, Ihr Düngerstreuer einen technischen Defekt
hat, und Sie die Arbeit erst nach dem Stichtag abschließen können.
Solche Regelverstöße können in biologischen und konventionellen
Betrieben leider vorkommen.

Aufgrund der strengen Kontrollen kommt es immer wieder zu
Verstößen, die Bio- und Konvi-Produkte betreffen können. Die
Zahl der Beanstandungen und Produktrückrufe ist sehr gering, und
sie zeigt, dass die Lebensmittelkontrolle zuverlässig funktioniert.
Auch im Lebensmittelbereich gibt es keine Null-Fehler-Quote.
Was die Lebensmittelsicherheit angeht, tun sich große Strukturen,

die wenige Produkte, die aber in sehr großen Mengen erzeugen, wesentlich leichter als kleinere Strukturen, die eine besondere Vielfalt an Produkten herstellen.

Manchmal sind Belastungen auch systembedingt. Auf die Problematik mit erhöhten Dioxinwerten in Eiern von Freilandhühnern, die im Hofbereich herumscharren, wurde bereits hingewiesen. Das Problem finden Sie übrigens auch im Hausgarten, wo Sie ihr gesundes eigenes Gemüse wachsen lassen. Da das aber selten vermarktet wird, zieht die Lebensmittel-Kontrolle dort auch keine Proben und findet naturgemäß auch nichts. Die festgestellten Werte sind idR. gering und unbedenklich.

„Bio-Tiere sind glücklich, werden artgerecht gehalten und es gibt keine Massentierhaltung"
Glückliche Tiere auf Verkaufsverpackungen sind üblich. Auch wenn sie die menschliche Sicht von glücklich verkörpern. Ob die Tiere ihre Haltung als glücklich empfinden, ist schwer feststellbar. Wie bemisst man das Glück eines Tieres? Ist ein Schwein in ganzjähriger Freilandhaltung, auch bei minus 20 Grad, glücklicher als eines in einer Bucht mit 1 qm Lebensraum, geregelter Temperatur, geregelter Frischluftzufuhr und einem Futter möglicherweise sogar in Lebensmittelqualität (für menschliche Begriffe)?

In Anlehnung an Menschen, die nie so etwas wie Luxus gesehen haben, und die ihn daher auch nicht vermissen, frage ich mich, ob Tiere, die die freie Natur nicht gesehen haben, diese vermissen können. Menschen sagen da meist „ich hab nichts anderes gekannt, deshalb hat es mir nicht oder hat mir nichts gefehlt".
Was ist für Nutztiere „artgerecht"? Bei Wildschweinen ist klar, was ein artgerechter Lebensraum ist. Wie ist das bei Hausschweinen, denen man das schützende Fell und die Fettschicht weggezüchtet hat?

Ist es nicht irgendwie pervers, bei Nutztieren artgerechte Haltung zu fordern, während Menschen selbst überhaupt nicht artgerecht leben? Dazu müssten wir nicht unbedingt zurück auf die Bäume. Es würde genügen, nur mehr das zu essen, was wir selbst geerntet oder erlegt haben. Es würde genügen, Behausungen selbst zu errichten, Stoffe selbst zu weben oder Kleidung aus Tierfellen herzustellen. Und die Fortbewegung erfolgt grundsätzlich zu Fuß, höchstens auf einem Pferd.

Komischerweise fragt sich niemand, ob die Haltung von Hund, Katze, Wellensittich und Goldfisch in Wohnungen artgerecht ist.

Ein deutsches Tierärzteforum hat für mich ein Inserat geschaltet, in dem 20 artgerecht lebende Menschen für eine Studie zum Thema „Artgerecht produziertes Fleisch für artgerecht lebende Menschen" gesucht wurden. Leider hat sich kein einziger Interessent gemeldet. Unter uns gesagt, es hat mich auch nicht gewundert.

Auch wenn uns die selbsternannten Tierschutzexperten mit Vehemenz erklären, wie man Tiere richtig hält, muss man fairerweise sagen, dass es für fast jede angebliche Übertreibung in der Tierhaltung ein menschliches Pendant gibt. Auch wir Menschen leben in Massenmenschenhaltungs-Systemen. Ohne künstliche Befruchtung und oder hormonelle Unterstützung bliebe so manches Klassenzimmer leer. Die Kinder werden früh von der Mutterbrust entwöhnt und auf Milchersatz umgestellt. Damit die Mutter rasch wieder in den Arbeitsprozess eintreten kann, soll das Kind möglichst schnell in den Kinderhort. In Kinder-Massenaufbewahrungs-Anstalten, nett auch als Kindergarten oder Schule bezeichnet, sollten sie dort dann möglichst ganztägig beschäftigt werden.

Da der Begriff „artgerecht" in der Nutztierhaltung schwer anwendbar ist, wird oft lieber die Bezeichnung „tiergerecht" verwendet. Es ist ein Irrglaube, dass große Stallanlagen weniger tiergerecht wären als kleine. Dem einzelnen Schwein in einer 10-qm-großen Bucht ist es vermutlich ziemlich egal, ob es in einer Mastanlage mit 100 oder mit 2500 Schweinen steht. Das Hausschwein wurde vor rund hundert Jahren häufig im sog. Schweinekobel gehalten. Der Kobel war oft völlig abgedunkelt. Die Schweine standen teilweise bis zum Bauch im eigenen Kot. Gefüttert würde überwiegend mit sog. Saudrang, also Küchen-Abfällen, zudem gedämpften Erdäpfeln und Futterrüben. Um 1800 brauchte ein Schwein ca. ein Jahr, um 10 Kilogramm zuzunehmen. Heute dauert es etwa drei Monate, um von ca. 30 kg Einstell-Gewicht ein Schlachtgewicht von ca. 110 kg zu erreichen.

Nach dem Krieg unter dem Druck möglichst bald möglichst viel Fleisch zu produzieren, wurde die Anbindehaltung bei Zuchtschweinen zum Standard. Zuerst wurden die Tiere mit Halsbügeln angebunden, später wurden diese durch Schultergurte ersetzt. Letztere waren zwar tierfreundlicher, aber bewegungs-kreative Sauen schafften es immer wieder, sich in der Bucht umzudrehen. Mit dem Argument des Tierschutzes wurden sog. Kastenstände eingeführt, später solche mit Selbstfang-Sperrgitter oder reine Laufställe. Beim Selbstfang-Sperrgitter konnten die Sauen beliebig aus der Bucht raus, sich bewegen oder auch im Falle von Rangkämpfen insbesondere zwischen ganz jungen und alten Sauen in die Bucht zurückziehen. So gut diese Käfig-Laufstall-Lösungen funktionierten, beobachteten die Sauenhalter, dass die Tiere trotzdem die meiste Zeit in ihren Käfigen faul herumlagen.

Die Wissenschaft attestierte, dass Schweine in der Natur draußen täglich acht Stunden Bewegung machten, indem sie Futter suchten. Die Praktiker wiederum stellten fest, dass die Schweine einfach nur so lange Bewegung machen, bis sie satt sind. Sind sie das nach einer halben Stunde, dann kauern sie die restlichen 23,5 h herum.

Was ihnen im übrigen auch den Ruf der „faulen Sau" eingetragen hat.

Genetisch sind im Schwein noch viele ursprüngliche Instinkte vorhanden. In einer Studie wurden bei Wildschweinen 106 verschiedene Verhaltensmuster festgestellt. Hält man das Hausschwein unter Wildschwein-ähnlichen Bedingungen, kommen 102 dieser Verhaltensmuster wieder zum Vorschein.

Während der Tierschutz möglichst ganzjährige Gruppenhaltung verlangt, ist es Usus, dass den Sauen nach der Belegung (Besamung) einmal vier Wochen Ruhe in welcher Form auch immer während der Einnistungsphase gegönnt wird. Die letzten Tage vor dem Abferkeln brauchen sie ebenfalls Schutz, da es sonst zu einem Verferkeln (vorzeitiges Abferkeln) kommen kann. Die Einzelbuchten mit Abferkelkäfigen im wesentlichen zum Schutz der Ferkel sind nach wie vor Standard. Es gibt zwar Ställe im Versuchsstadium, die aber immer noch mit Funktions-Mängeln behaftet sind. In einer Großraumbucht für mehrere Sauen war ein Tierhalter einen erheblichen Teil seiner Betreuungszeit damit beschäftigt, die Sauen in ihr Ferkelabteil zu treiben, weil sie freiwillig nicht zu ihren Ferkeln zurück gegangen wären.

Oft ist es schwierig festzustellen, was tierfreundlicher ist, weniger Bewegungsfreiheit für die Muttersau oder höhere Erdrückungs-Verluste.

Auslauf in überdachte Flächen ist bei Neubauten in der Sauenhaltung heute idR. gegeben. So lange die Ställe nicht im Gefahrengebiet für die Afrikanische Schweinepest liegen, wird man den Auslauf auch weiterhin benutzen dürfen. Österreich ist derzeit noch befallsfrei. Waldbesitzern wird jedoch bereits aufgetragen, den Fund toter Wildschweine unbedingt zu melden, nichts zu berühren und auf keinen Fall den Kadaver irgendwohin zu verbringen.

Die Stallungen sind heute temperaturgeregelt. Jedes Grad unter der Wohlfühltemperatur kostet 100 Gramm Futter pro Tag. Der Luftwechsel wird idR. durch eine mechanische Lüftung gewährleistet. Die Fütterung wird meist dem Gewicht der Tiere angepasst, weil kleine Ferkel zwar wenig Futter, aber viel Eiweiß brauchen. Größere Tiere brauchen gleich viel Eiweiß wie kleinere, aber viel mehr Kohlehydrat-und Fett-haltiges Futter.

Stallungen werden meist im Rein-Raus-System betreiben. Das Abteil wird vollständig geleert, bis zu 24 h eingeweicht, mit einem Hochdruckreiniger oder einem Dampfstrahler gereinigt, teilweise im noch nassen Zustand desinfiziert, gut trocknen gelassen, im Winter vorgeheizt und dann mit Ferkeln aus möglichst einer Herkunft gefüllt. Das ist mit Abstand das tiergesündeste Haltungs-Verfahren für Schweine. Unter diesen Umständen lassen sich auch die Tierarzt- und Medikamenten-Kosten stark reduzieren. Punkto desinfizieren scheiden sich die Geister. Die wirklichen Profi-Betriebe desinfizieren ihre Stallungen. Da ist es meist ein Teil ihres Hygiene-Konzepts, das sie im Rahmen des Tiergesundheits-Dienstes mit ihrem Tierarzt entwickeln. Ich war selbst Schweinemäster bis 2011 und hab auf das Desinfizieren verzichtet. Gut waschen und abtrocknen lassen erreicht bereits ca. 99 % der möglichen Hygienewirkung. Desinfektion steht auch in Verdacht, die harmloseren Keime zu bekämpfen und für die schwer bekämpfbaren Keime Entwicklungsraum zu schaffen.

In Österreich wird immer wieder gegen Massentierhaltung gewettert, wobei europaweit oft 10 mal größere Strukturen vorhanden sind. In den USA gibt es mehrere Sauenhalter mit 250 000 Sauen und mehr. Diese bezeichnen sich zudem als Familienbetriebe. Die Größe einer Stallanlage sagt nichts über die Tiergerechtigkeit aus. Eher das Alter einer Stallanlage ist maßgeblich. Neuere Stallungen sind größer und erfüllen neuere Tierschutzstandards, demnach ist die modernere „Massentierhaltung" meist auch tierfreundlicher als alte Einzelhaltungs-Systeme. Neuere Stallanlagen verfügen über bessere Fütterungs-Systeme und bessere Klimaregelungen. Auch die Tierhalter sind idR. jünger, besser ausgebildet und motivierter. Viele Tierschutz-Probleme tauchen bei sehr alten oft überforderten Tierhaltern in sehr alten Ställen auf.

Eine tolle Haltungsform für Sauen, die jedoch große Strukturen benötigt, sind die Laufstallhaltungssysteme mit Abruffütterung. Um ausreichend Bewegungsraum für Sauen zu schaffen, damit sie sich aus dem Weg gehen, wenn es zu einem Rangordnungsproblem kommt, bräuchte man schon Gruppen zu etwa 60 Sauen.

Bei Kühen ist die dauernde Anbindehaltung verboten. Unter gewissen Umständen kommen Ausnahmeregelungen zum Tragen. Auch hier kommt es zu einem Konflikt, da kleine Betriebe zwar erwünscht sind, diese sich aber keine mehrere hunderttausend Euro teuren Stallumbauten leisten können. Wie entscheidet die Politik richtig? Soll sie den Bauern die letzte Kuh aus dem Stall treiben oder mit hohen Subventionen für Stallumbauten die kleinen Strukturen erhalten oder bei Kleinbetrieben zumindest die vorübergehende Fixierung zB. mit Halsbügel erlauben? Wie soll zB. ein Bio-Kuhhalter seinen Kühen einen Zugang zur Weide ermöglichen, wenn er keine angrenzenden weidefähigen Flächen besitzt?

Boden-, Weide- und Auslauf-Haltungssysteme führen zu neuen Problemen. Tiere scheiden zB. Parasiten und andere Krankheits-Erreger aus. In der Käfighaltung fiel der Kot durch ein Gitter auf ein Kotband und konnte keinen Schaden mehr anrichten. In einem Bodenhaltungssystem mit 1000 Hühnern scheidet eine Henne einen Krankheitserreger aus, mit dem sich theoretisch 999 andere

Hennen infizieren können. Da darf man sich nicht wundern, wenn bei solchen Systemen erhöhte Tierarztkosten anfallen. Modifizierte Käfighaltungssysteme wie die Volierenhaltung, die den Hennen zum einen viel Bewegungsraum bieten und zum anderen den Vorteil einer schnellen Entfernung von möglicherweise infektiösem Material aus dem Tierbereich bieten, passen den Tierschützern wiederum aus ideologischen Gründen nicht.

Die oft ideologisch motivierte Diskussion führt zu interessanten Verwerfungen. In einem KURIER-Artikel wurde eine Schweine-Freiland-Haltung im Waldviertel hoch gelobt. Dabei wurde auch erwähnt, dass ein Bach durch das Areal fließe, in dem sich die Tiere gerne suhlen. Und vermutlich auch reinkoten und Urin absetzen. Wenn mich jemand erwischt, wenn ich in einen Bach pinkle, will ich die juristischen Folgen gar nicht wissen. Wenn das Bio-Freilandschweine machen ist es plötzlich ursuper und leiwand, weil voll öko. Und auch das Fett, das die Tiere im Freiland lieber ansetzen, von dem sonst immer gewarnt wird, weil es angeblich ungesund ist, wird plötzlich zu einem wichtigen und notwendigen Geschmacksträger.

„Biologisch gehaltene Tiere brauchen kaum Medikamente und keine Antibiotika.“
Dass Tiere erkranken, ist kein Phänomen der konventionellen oder der Massentierhaltung. Auch biologisch in Laufställen und im Freiland gehaltene Tiere können erkranken. In der Regel werden jedoch robustere Tierrassen eingesetzt, die zum Teil auch etwas gesünder sind. Darüber hinaus können Bio-Tiere genauso erkranken. Manche Risken sind bei Bio-Tieren sogar höher, zB. die Verwurmung des Verdauungstraktes und innerer Organe wie Leber und Lunge kann erheblich häufiger auftreten. Das kostet Wachstumsleistung und Lebensqualität für Tiere. Mit einem guten Haltungs-Management, zB. dem regelmäßigen Wechsel von Weiden und Auslaufflächen sowie einer guten Betreuung und

Behandlung durch den Tierarzt kann man diesen Schaden weitestgehend reduzieren. Auch Bio-Tiere dürfen mit Medikamenten und Antibiotika behandelt werden. IdR. gelten hier aber erheblich längere Wartefristen, bis die Tiere geschlachtet oder die Milch oder Eier wieder verwertet werden dürfen.

Vor einiger Zeit unterhielt ich mich mit einem Tierarzt, der meinte, dass Biobauern teilweise, nicht alle, bei gleichen Symphomen weniger oft den Tierarzt in Anspruch nehmen würden. Hier prallen zwei Philosophien aufeinander. Die einen verlassen sich lieber auf das angebliche Selbstheilungsvermögen der Tiere, andere würden es als unterlassene Hilfeleistung bezeichnen. Das mit dem Selbstheilungsvermögen funktioniert übrigens auch in der angeblichen Massentierhaltung. Kam es zu einem nicht allzu schweren grippalen Infekt in meinem Schweinemaststall, wurde die Futtermenge reduziert, die Lufttemperatur leicht abgesenkt, die Tiere fieberten kurz und nach wenigen Tagen war der grippale Infekt ausgeseucht. Ich kann mich in fast zwei Jahrzehnten an keine einzige Antibiotika-Anwendung im Schweinemaststall erinnern.

Das Thema „Antibiotika" ist in der Umwelt-NGO-Szene übrigens sehr beliebt. Man gaukelt uns vor, dass Antibiotika in der Tierhaltung für den Menschen gefährliche Resistenzen und sog. multiresistente Keime verursachen. Solche Behauptungen sind falsch und irreführend. Resistenzen sind eng mit den Wirkstoffen verbunden. Die Substanz A kann nur eine Resistenz gegen die Substanz A verursachen. Nun sind die antibiotischen Wirkstoffe für Mensch und Tier streng getrennt. Innerhalb der Tier-Arzneimittel dürfen gewisse Wirkstoffe nur bei Haustieren, die nicht für die Nahrungsmittelproduktion gedacht sind, angewendet werden. Nur ein Wirkstoff (Chloramphenicol) ist beim Menschen und bei Tieren, die nicht für die Lebensmittelerzeugung vorgesehen sind, zugelassen.

Aufgrund dieser strengen Trennung der Wirkstoffgruppen ist es also unmöglich, mit den für die lebensmittelproduzierende Tierhaltung vorgesehenen Medikamenten für den Menschen gefährliche Resistenzen zu verursachen. Ernstzunehmende Mediziner bestätigen auch, dass gefährliche Resistenzen auf Humanantibiotika fast ausschließlich auf die häufige Verschreibung derselben und den Desinfektions-Wahn mancher Leute zurückzuführen sind. Auch Desinfektions-Mittel können viele harmlose Keime abtöten, während die übrig bleibenden resistenteren Keime dann das Feld besiedeln können.

„Biolandbau verhindert Überdüngung und Nährstoff-Auswaschung"
Die Angst vor Überdüngung ist meist ein Phantomschmerz. Düngung kostet Geld, und nach Lust und Laune Dünger zu streuen kann sich niemand leisten. Sachgerechte Düngung bedeutet heute, dass die Nährstoffe, die dem Boden mit dem Erntegut entzogen werden, wieder ersetzt werden. Bei sehr schlecht versorgten Böden kann auch eine Aufdüngung sinnvoll sein. Die Konvis können auf eine Vielzahl an Düngemitteln zurück greifen, bei den Bios ist das schwieriger. Ein vollständiger Ersatz der entzogenen Nährstoffe ist ein teures Unterfangen. Bauern müssen heute Nährstoffbilanzen vorlegen und eine ordnungsgemäße Düngung nachweisen. Die Stickstoffmenge ist generell limitiert, bei Phosphor ist der Mineraldüngeranteil limitiert. Auch die Nährstoffe von Wirtschaftsdüngern müssen eingerechnet werden.

Eine effektive Überdüngung ist seit Jahrzehnten eine jener Märchen, die die Ökoszene mit Vorliebe verbreitet. Tatsächlich gehen seit vielen Jahren die Düngermengen zurück.

Was die Nährstoffaustragung oder den Eintrag in Oberflächen-Gewässer oder Grundwasser angeht, sind zwei Wege möglich. Beim Eintrag ins Grundwasser ist ausschließlich Stickstoff in

Nitratform relevant. Dieser Nährstoffeintrag ist von folgenden
Faktoren abhängig:
- punktgenaue Düngung: wird Dünger dann ausgebracht, wenn ihn
die Pflanze braucht und sofort aufnehmen kann, kann er nicht
ausgewaschen werden.
- frei verfügbares Nitrat: je weniger Nitrat der Boden mineralisiert,
umso weniger kann ausgewaschen werden. Die Mineralisierung ist
gering bei möglichst wenig Bodenbearbeitung, Trockenheit und
Kälte.
- Bewuchs: wenn der Boden vollständig durchwachsen ist, nehmen
die Pflanzenwurzeln das freiwerdende Nitrat sofort auf.
Winterharte (nicht abfrierende) Begrünungen nehmen wesentlich
mehr Nährstoffe auf.
- Bodenschwere: schwer zu bearbeitender toniger Boden ist
vergleichbar mit einem sehr engmaschigen Filter. Leicht zu
bearbeitende sandige Böden arbeiten wie ein grober Filter und
binden Nährstoffe weniger gut.
- Niederschlagsmenge: Nitrat kann nur in Wasser gelöst in tiefere
Schichten eingetragen werden. Im Trockengebiet wird das meiste
Wasser wieder über die Oberfläche oder den Pflanzenbewuchs
verdunstet. Nur wenig sickert ins Grundwasser. Damit kann auch
nur sehr wenig Nitrat ausgewaschen werden.

Eine andere Form der Nährstoffaustragung ist der oberflächliche
Abtrag durch Abschwemmung oder Winderosion. Bodensubstanz
wird dabei entweder auf anderen Flächen aufgetragen oder in
Bäche und Flüsse geschwemmt. Wenn bei Hochwasser eine dicke
braune Brühe abfließt, kann angenommen werden, dass da auch
viele feine Bodenteile wie Ton und Nährstoffe davon schwimmen.
Auch hier gilt, je besser der Boden bewachsen ist, umso weniger
Erosion findet statt. Die effizienteste Form den Boden zu schützen
ist die Direktsaat oder No-Till (für keine Bodenbearbeitung). Diese
Kulturmethode ist fast ausschließlich nur bei konventioneller
Betriebsweise möglich.

Vielen Bauern ist bewusst, dass sie mit dem Austrag von Nährstoffen und der Erosion ihres Bodens auch Geld verlieren. Zudem wird bodenerhaltende Bewirtschaftung auch mit Fördermitteln unterstützt.

Nicht zu unterschätzen ist der Umstand, dass erst in der jüngeren Vergangenheit eine flächendeckende Entsorgung von häuslichen Abwässern erreicht werden konnte. Über Jahrhunderte landeten die Fäkalien von Dörfern, Märkten und Städten direkt und ungeklärt in den Flüssen. Auch Jauche versickerte oftmals im Stallbereich. Heute müssen Güllegruben, Mistlagerplatten und Kompostplätze eine entsprechende Dichtigkeit aufweisen. Mist, Gülle und Jauche müssen nach dem Prinzip der sachgerechten Düngung gleichmäßig ausgebracht werden. Je nach Löslichkeit der Nährstoffe sind auch Sperrfristen bei der Ausbringung der Wirtschaftsdünger zu beachten.

Immer wieder treten Umweltaktivisten auf den Plan, die von sterbenden Meeren aufgrund zu hoher Nährstoffgehalte berichten, und natürlich kann nur die industrielle Landwirtschaft schuld sein. Aufgrund der Auflagen kann die industrielle Landwirtschaft dabei kaum mehr eine Rolle spielen. Die heute feststellbaren Nährstoff-Ansammlungen zB. in der Ostsee sind tatsächlich eine Spätfolge von bis zu 1000 Jahren Einleitung von ungeklärten Fäkalien in Bäche, Seen und Flüsse. Wobei Gewässer auch eine gewisse Selbstreinigungkraft haben. Nicht alles was in Gewässer eingeleitet wurde, gelangte auch ins Meer.

„Bio ist gut für den Regenwurm"
Dieser Behauptung würde ich nur eingeschränkt zustimmen. Wer mit einem hohen Anteil an Dauerkulturen wie zB. Grünland arbeitet, arbeitet damit sicher auch regenwurmschonend und regenwurmfördernd. Im Ackerbau sowie bei Obst und Gemüse muss der Biobetrieb idR. häufiger den Boden bearbeiten, da er

sonst kaum Möglichkeiten zur Unkrautregulierung hat. Um den Regenwurm bestmöglich zu fördern, sollte der Boden möglichst wenig bearbeitet werden und möglichst viel organische Substanz auf der Oberfläche liegen bleiben. Für den Regenwurm ist biologische Wirtschaftsweise daher überwiegend nachteilig.

Der Regenwurm kommt in der Nacht raus, setzt seinen Kot ab, frisst organische Substanz bzw. zieht sie in den Boden. Auf diese Weise kann der Regenwurm bis zu 8 mm Boden pro Jahr aufbauen. Ein hoher Regenwurmbesatz schafft auch für Starkregen genug Raum, um große Wassermengen rasch versickern zu lassen und im Boden zu speichern. Ohne Regenwurmgänge verschlämmt der Boden oberflächlich und das Wasser beginnt relativ schnell oberflächlich abzulaufen. Erosion und Bodenverlust setzen ein.

„Bio-Zucker ist nicht chemisch gebleicht"
Diese Behauptung ist richtig. Im übrigen wird auch konventioneller Zucker nicht chemisch gebleicht. Zucker hat so wie Salz die Eigenschaft, dass er natürlich reinweiß kristallisiert. Bei Gelb- und Braunzucker wird nur die Melasse, der Dicksaft, in dem der Zucker kristallisiert, vor dem Trocknen nicht abgewaschen. In den Köpfen mancher „Fachleute" scheint es aber nicht vorstellbar zu sein, dass etwas ohne chemisches Bleichen rein weiß sein kann. Deshalb verbreitet sich diese Ökofabel auch mit einer gewissen Hartnäckigkeit.

Das chemische Bleichen von Zucker hat einen realen Hintergrund. Zucker wurde früher nicht raffiniert, sondern der Zuckerdicksaft mit allen noch vorhandenen Inhaltsstoffen einfach nur getrocknet. Das Ergebnis war ein mehr oder weniger helles flockenähnliches süßliches Granulat. Die Süßkraft dieses Granulats war natürlich weit geringer als die heutigen Rübenzuckers. Alte Bäuerinnen haben den Saft der Zuckerrübe oder geraspelte Zuckerrüben sogar noch direkt zum Süßen verwendet.

Solcherart hergestellter „Zucker" aus Zuckerrohr war relativ
dunkel. Da die Helligkeit des „Zuckers" ein Qualitätskriterium
war, versuchte man etwa um 1900 mit schwefeliger Säure den
Rohrzucker chemisch zu bleichen. Nach wenigen Jahren wurde
das Bleichen wieder eingestellt.

„Bio verzichtet auf Gentechnik"
Nicht nur Bio verzichtet auf Gentechnik, auch die Konvis haben
kaum gentechnisch veränderte Betriebsmittel zur Verfügung.
Produktions-Methoden mit Hilfe der Gentechnik sind
weitestgehend verboten. Allerdings werden große Mengen
gentechnisch veränderter Futtermittel in den EU-Raum importiert.
Nachweisbare negative Auswirkungen sind nicht bekannt. Gäbe es
realistische negative Auswirkungen, wären diese Futtermittel mit
Sicherheit inzwischen verboten.

Interessant in der Gentechnik-Diskussion ist, dass Gentechnik nur
in der Landwirtschaft böse ist. Mir ist kein anderer Bereich
bekannt, wo sie sonst noch verteufelt wird. Niemand wehrt sich
dagegen, wenn man mit Hilfe der Gentechnik billiger
Medikamente oder andere Wirkstoffe herstellen kann.

Die Anti-Gentechnik-Industrie erklärt uns, dass ein Paradeiser mit
zwei zusätzlichen Genen gegen zB. die Samtfleckenkrankheit
plötzlich zur Killertomate wird. Oder ein Getreide, das mit
Trockenresistenzgenen dann auch in Trockengebieten kultiviert
werden kann. Oder Golden Rice, der einen erheblichen Teil des
Vitamin-A-Mangels beheben könnte, wo traditionell viel Reis
gegessen wird. Uns erklärt man mit der Bitte, sie finanziell zu
unterstützen, dass wir die Gentechnik nicht brauchen. Denken die
Menschen in den von Vitamin- und Nahrungsmangel betroffenen
Gebieten auch, dass sie diese Gentechnik nicht brauchen?

Die Methoden der Risikofolgen-Abschätzung sind sehr gut in der Lage, Risken der Gentechnik zu bewerten. Wenn diese Risken nicht akzeptierbar sind, dann dürfen diese Techniken auch nicht erlaubt werden. Mit diesem logischen Ansatz kommt man allerdings kaum gegen den Wust an Weltuntergangspropheten und Öko-Verschwörungstheoretikern an.

Die wirklich schlimmen Problemzonen werden von der Spendenindustrie ignoriert. Eine davon sind Neo-Phyten und Neo-Zoen. Pflanzen und Tiere werden durch den weltweiten Waren- und Reiseverkehr eingeschleppt, treffen kaum auf natürliche Feinde, breiten sich aus und rotten mitunter viele heimische Arten aus. Das spüren wir idR. nicht sofort. Schnell spüren wir, wenn hoch allergene Pflanzen wie Ragweed (lat. Ambrosia artemisiifolia, dt. Aufrechtes Traubenkraut oder Beifußblättriges Traubenkraut) zu einem der häufigsten Allergieauslösern heranwächst. Oder der Riesenbärenklau (lat. Heracleum mantegazzianum), der nach Berühren und Lichtkontakt verbrennungsartige Blasen auf der Haut auslöst. Der Riesenbärenklau stammt aus dem Kaukasus und wurde bei uns ursprünglich als Zierpflanze in botanischen Gärten kultiviert. Durch das Verschleppen von Samen verbreiten sich diese Neophyten relativ rasch in einem weiten Umfeld.

Zu den Neo-Zoen gehören viele Schadinsekten wie zB. der Asiatische Laubholzbockkäfer (lat. Anoplophora glabripennis) oder der Westliche Maiswurzelbohrer (lat. Diabrotica virgifera). Das Neo-Zoen-Problem ist allerdings nicht neu. Die Einschleppung der Reblaus (lat. Daktulosphaira vitifoliae) hat vielen alten heimischen Weinsorten den Garaus gemacht. Der Kartoffelkäfer (lat. Leptinotarsa decemlineata) folgte der Kartoffel erst relativ spät nach Europa. Der Maiswurzelbohrer tauchte erst vor wenigen Jahrzehnten im ehemaligen Jugoslawien auf und verbreitet sich mit etwa 80 bis 100 Kilometer pro Jahr in Richtung

Resteuropa.

Auch Krankheiten werden fallweise eingeschleppt. Die
Afrikanische Schweinepest ist bereits in Nachbarländern
Österreichs angekommen. Die Amerikanische Faulbrut befällt
unsere Bienenstöcke. Bakterienerkrankungen rotten fast
flächendeckend die Eschenbestände aus.

Es wäre meiner Meinung um ein vielfaches sinnvoller, Geld in die
Kontrolle und Überwachung dieser Neo-Bioten (nicht-heimische
Pflanzen und Tiere) zu investieren als in den Kampf gegen die
angeblich böse Gentechnik.

Im übrigen waren so manche Zuchtmethoden vor langer Zeit auch
nicht ganz ohne. Radioaktive Bestrahlung von Samen sollte zB. zu
Zufalls-Mutationen und neuen Eigenschaften führen. Die
Methoden waren glücklicherweise überhaupt nicht erfolgreich und
die Folgen sehr schwer abschätzbar. Es gibt genug gute und
wirksame Züchtungsmethoden wie die Verdrängungszüchtung
oder die Hybridzüchtung. Wo man mit den herkömmlichen
Methoden an natürliche Grenzen stößt, könnte man diese mittels
Gentechnik überschreiten. Ob und wie weit man solche Grenzen
überschreiten soll, muss die Gesellschaft entscheiden.

„Biobauern sind Spinner"
Anfangs konnten viele Konvis mit den Bios nicht so recht was
anfangen. Die waren einfach ganz anders. Manche Bios haben es
auch etwas übertrieben. Krude Methoden, Verschwörungstheorien,
Weltuntergangs-Phantasien haben die Toleranz teilweise auf eine
harte Probe gestellt. Heute ist ein gewisses gegenseitiges
Verständnis zwischen den Bios und den Konvis Realität.

„Biobauern arbeiten mehr als die Konvis."
Dieses Vorurteil lässt sich durch keine wissenschaftliche Studie oder Untersuchung bestätigen. Hier spielen andere Faktoren eine wichtigere Rolle. Werden Tiere gehalten, insbesondere Milchkühe? Wird Gemüse oder Obst produziert? Wird vieles weiter verarbeitet und oder direkt vermarktet?

„Die Biobauern erkennt man an dem vielen Unkraut auf den Feldern."
Als konventioneller Ackerbauer hatte ich auch viele stark verunkrautete Felder. In meinem Fall bekam ich die Verunkrautung im Ölkürbis nicht in den Griff. Auch die Wahl der eingesetzten Wirkstoffe war nicht optimal. Also meine Felder waren sicher mehr verunkrautet als die Felder der meisten Biobauern in der Umgebung. Tendentiell ist es natürlich für Biobauern schon schwieriger ein Feld unkrautfrei zu halten.

„Die Biobauern leiden an der überbordenden Bürokratie."
Die Bürokratie bei Bauern ist heute bei allen Bauern überbordend. Man muss heute fast Akademiker und oder Jurist sein, um einigermaßen problemlos über die Runden zu kommen. Was für die Konvis kaum zu schaffen ist, ist bei den Bios nochmals um eine Dimension schlimmer. Dazu gehören viel mehr Aufzeichnungspflichten und häufigere Genehmigungspflichten, aber auch strengere Rahmenbedingungen. Wenn jüngere Bauern in dieses System hineinwachsen, können sie damit noch leichter umgehen. Bei den Betriebsführern über 60 wird die Verwaltungsbürokratie zu einer fast unerfüllbaren Aufgabe.

„Bio-Produkte sind teuer."
Sie sind zumindest teurer. Was mir auffällt, ist, dass mit Bio-Produkten im LEH oft ein hoher Preis fixiert wird, während konventionelle Produkte im Windschatten gar nicht so viel billiger angeboten werden.

Es stellt sich auch die Frage, um wieviel billiger zB. konventionelle Aktionsware ist, wenn dann die Hälfte vorzeitig verdirbt und entsorgt werden muss.

Oft wird argumentiert, bei den konventionellen Produkten müssten die ökologischen Folgekosten von der Allgemeinheit getragen werden. Welche Folgekosten das sind und wo sie sich von den Folgekosten ökologischer Landwirtschaft unterscheiden, konnte mir aber bis dato noch niemand erklären.

Der Preis spielt natürlich eine große Rolle bei der Kauf-Entscheidung. Beträgt der Preisunterschied weniger als ca. 30 %, greifen relativ viele Menschen gerne zu Bio-Produkten. Bei mehr als 30 % Preisdifferenz geht die Kauflust spürbar zurück. Hier schlagen dann überwiegend die bewussten Qualitätskäufer zu.

Wo Sie sich weiter informieren können ...

Bei der Recherche zu diesem Buch ist aufgefallen, dass es zwar viele bio-kritische und konvi-kritische Bücher gibt, aber kaum Literatur, die sich ohne irgendwelche Scheuklappen mit beiden Philosophien auseinandersetzt. Ich hoffe, mein Versuch einer Auseinandersetzung mit beiden Philosphien ohne ideologische Scheuklappen ist soweit gelungen.

Eine ausgezeichnete Informationsquelle ist die Öst. Agentur für Ernährungssicherheit, kurz AGES. Anfragen können dort zwar etwas dauern, ich habe aber bisher immer eine sehr kompetente und fundierte Antwort auf meine Fragen bekommen.

Eine weitere sehr gute Quelle ist der Lebensmittelchemiker Udo Pollmer. Er hat bereits mehrere Bücher herausgebracht und arbeitet auch für das Europäische Institut für Lebensmittel- und

Ernährungswissenschaften e.V., kurz EU.L.E.e.V. (www.euleev.de).
Pollmer veröffentlicht auch regelmäßig hochinteressante Youtube-
Videos in der Serie „Brotzeit", in denen er nicht nur Ernährungs-
Mythen bearbeitet.

Eine sehr gute Auseinandersetzung mit den grassierenden
Weltuntergangs-Szenarien liefert Professor Martin Schröder mit
seinem erst kürzlich erschienenen Buch „Warum es uns noch nie
so gut ging und wir trotzdem ständig von Krisen reden".

Persönlich betreibe ich begleitend zu den Vorträgen und zu diesem
Buch den Alles-Bio-Blog unter https://alles-bio.blogspot.com .
Manchmal passieren auch mir Fehler, die ich im Blog dann richtig
stellen kann. Sollten bei den Vorträgen Fragen auftauchen, die ich
nicht sofort beantworten kann, oder Zuhörer bzw. Leser
abenteuerliche Behauptungen aufstellen, recherchiere ich das
gerne nach, und veröffentliche das Ergebnis ebenfalls im Blog.

Für Anregungen, Kritik oder einfach nur Feedback bin ich unter
der Mailadresse alles-bio@aon.at gerne für Sie erreichbar.

Der Autor

Hans Kreimel, geboren im Jänner 1965

Volksschule, Hauptschule, HLBLA Francisco-Josephinum in
Wieselburg, Fachrichtung Landwirtschaft, Matura 1984
Präsenzdienst 1985, ab 09/1985 hauptberufliche Beschäftigung als
Landwirt, Forstwirt und Bio-Obstbauer

Ab 1985 intensive Auseinandersetzung mit den Themen
Kommunikation, Konflikte und Beziehungen, u. a. Ausbildung
zum Trainer in der Erwachsenenbildung und zum Wünschelruten-
Geher.

seit 2011 Blogger in ca. 60 Blogs zu verschiedenen Themen wie
Beziehung, Agrar, Technik, Innovation und Politik.

Bisher veröffentlicht
„Österreich 2030 – Strategien für die Alpenrepublik", 2011
„Die letzten Tage der Männlichkeit", 2017, beide im BOD-Verlag